Franck Kalala Kaniki
Paul Lunda Lubamba

A contribuição da magnetometria para a cartografia geológica e estrutural

Franck Kalala Kaniki
Paul Lunda Lubamba

A contribuição da magnetometria para a cartografia geológica e estrutural

O caso do sector KAPONDA na RDC

ScienciaScripts

Imprint

Any brand names and product names mentioned in this book are subject to trademark, brand or patent protection and are trademarks or registered trademarks of their respective holders. The use of brand names, product names, common names, trade names, product descriptions etc. even without a particular marking in this work is in no way to be construed to mean that such names may be regarded as unrestricted in respect of trademark and brand protection legislation and could thus be used by anyone.

Cover image: www.ingimage.com

This book is a translation from the original published under ISBN 978-620-6-71325-8.

Publisher:
Sciencia Scripts
is a trademark of
Dodo Books Indian Ocean Ltd. and OmniScriptum S.R.L publishing group

120 High Road, East Finchley, London, N2 9ED, United Kingdom
Str. Armeneasca 28/1, office 1, Chisinau MD-2012, Republic of Moldova, Europe
Printed at: see last page
ISBN: 978-620-7-77580-4

Epígrafe

In memoriam

Tenho um pensamento especial para o meu falecido pai François Kalala Kaniki Tshitata, que era conhecido por muitos nomes, e só posso citar o seu presente diário para mim: "Tshena ni buanga bua ku kupesha to, o melhor que te posso oferecer é o caminho de Deus e os estudos".

Não te preocupes, Franck

Dedicação

Dedico este trabalho à minha mãe Monique Kapinga Kalala, ao meu pai Jean-Bosco Kadima, à grande família de dez KALALA (Dior, Hélène, Ange, Patrick, Doryne, Paul, Peter, Franck, Horeb e Isaac), ao meu grupo de estudo Keep calm and do geology (Balega Muza- liwa Kennedy, Kabanda Mawanga Fiston, Luboro Mambonda Emmanuel, Lunda Lubamba Paul, Kimuni Mwamba Joseph, Kitenge ndjibu G.elias, Kabengana Mukala Eben e eu), o meu pastor Patrick Kalenga, o meu amigo Elie Stopack Mirindi , Patricia kele e todos os meus colegas.

Não te preocupes, Franck

Para ti, meus pais Lubamba Ntambue Dimitrios e Bankate Ngoyi Délice,
Para ti, meus irmãos e irmãs,
Amigos, colegas e conhecidos.
Dedico-te este trabalho

Lunda Lubamba Paul

Obrigado a ti

Agradece, antes de mais, a Deus Criador, senhor do tempo e das circunstâncias, pelo sopro que não cessa de renovar em nós.

Gostaríamos também de agradecer ao nosso Diretor, Professor Kadima Ka- bongo Étienne, e ao nosso codiretor, Sr. Mulumba Mukala Jean-Luc, pelo tempo que nos dedicaram durante a realização deste projeto de licenciatura, e com eles aprendemos a melhor forma de explorar o nosso potencial.

A todos os nossos colegas da turma de 2020-2021 e a todos aqueles que, de uma forma ou de outra, participaram na produção deste trabalho.

Índice

INTRODUÇÃO GERAL

A geofísica fundamental e a geofísica aplicada têm frequentemente trocado os seus métodos e resultados para maior benefício de ambas, e o que apresentamos neste texto não tem outra ambição senão a de continuar essas trocas frutuosas. A magnetometria é um dos principais métodos utilizados em geofísica. Utiliza um magnetómetro para medir a intensidade do campo magnético terrestre e/ou as suas componentes. Embora o método magnético seja um dos métodos mais antigos da geofísica, continua a suscitar o entusiasmo dos seus utilizadores. De facto, a singularidade associada à exploração de um campo natural e o desenvolvimento de novas técnicas que permitem cobrir grandes áreas a um ritmo judicioso, fazem destes métodos geofísicos os mais utilizados e transversais segundo as estatísticas de Telford et al, em 1976; Reynolds, em 1997; Allard et al, em 1999; Reeves, em 2005 citado por Kpirgbene [2016].

A geofísica aplicada à prospeção mineral permite abordar os problemas através de três abordagens clássicas Michel Allard [1999]: (1) a abordagem direta, que utiliza um ou vários métodos geofísicos para detetar diretamente os minerais nas formações geológicas; (2) a abordagem indireta, como o seu nome indica, é aplicada quando a deteção direta se revela impossível, sendo então realizada por associação; (3) a abordagem cartográfica, que é muito mais interdisciplinar e permite responder aos desafios contemporâneos associados à exploração mineral. Convencionalmente, esta abordagem bidimensional é utilizada para delinear contactos geológicos, localizar elementos estruturais e identificar determinadas formações geológicas. A fim de produzir um mapa geológico menos evasivo ou perfis geológicos menos evasivos que possam fornecer a melhor informação possível sobre a natureza e as características das formações geológicas, incorporando informações sobre as suas propriedades físicas. Esta informação pode ser uma ferramenta indispensável para uma investigação bem sucedida da superfície terrestre, da crosta semi-profunda ou profunda Kpirgbene [2016].

Uma vez que a maior parte da superfície terrestre está coberta por sedimentos e vegetação, é importante utilizar outras técnicas para cartografar a geologia através desta cobertura.

Na parte sudeste da mina de Kipushi, a geologia local ainda não está diferenciada das formações geológicas do Supergrupo Katanga. Para resolver este problema de indiferenciação entre unidades geológicas, a aplicação do gradiente horizontal aos dados do campo magnético permite geralmente determinar os contactos entre unidades geológicas. O objetivo desta tese é evidenciar os diversos contactos entre unidades geológicas, incluindo as do Nguba e do Kundelungu na nossa área de estudo no território de Kipushi na chefia de Kaponda (província de Haut-Katanga).

Assim definido, o nosso estudo está subdividido em 3 capítulos, para além da introdução e da conclusão.

— O capítulo 1 apresenta uma panorâmica geral do contexto geográfico e geológico da zona de estudo;

— O capítulo 2 trata do enquadramento teórico e metodológico;

— O capítulo 3 apresenta as diferentes operações de tratamento e interpretação dos dados.

Capítulo 1: GERAL

I.1   Enquadramento geográfico

I.1.1   Localização

A nossa zona de estudo situa-se no distrito de Kaponda, a 5 km a leste da cidade de Kipushi, em Haut-Katanga. As coordenadas geográficas deste sector, na zona UTM 35S, datum WGS84, situam-se entre os pontos norte 8694500 m e 8699250 m, por um lado, e entre os pontos leste 531500 m e 540000 m, por outro. A figura I.1 mostra um mapa com a localização da zona de estudo:

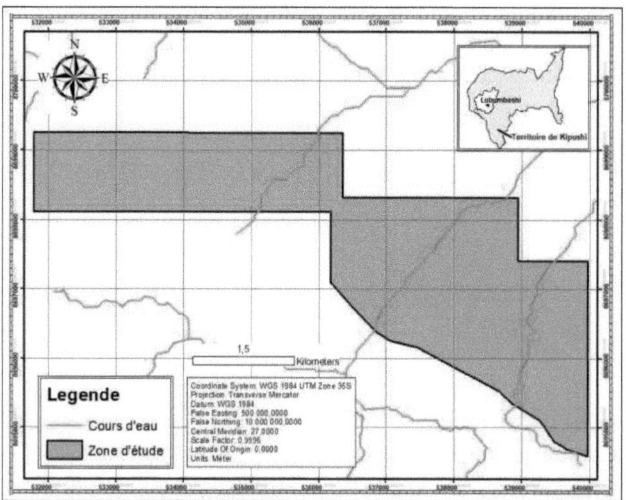

FIGURA I.1 - *Mapa que mostra a localização da área de estudo, com a área de Kipushi em torno da cidade de Lubumbashi mostrada a branco no cartão de mapa.*

I.1.2   Hidrografia

A hidrografia do sector de Kaponda é menos conhecida, mas a da cidade de Kipushi é banhada por vários rios e riachos, entre os quais o rio Kafubu, com cerca de 135 km de comprimento, que nasce na aldeia de Shimpauka, no grupo Inakiluba (província de Kaponda), atravessa o território de leste a oeste e desagua no rio Luapula, na aldeia de Kanga, na província de Kiniama (um dos locais turísticos do território). Os principais rios são: Bwishibila, Munama, Musoshi, Kafubu, Kifumanshi, Kiswishi e Luapula Paciente [2020]. A Figura I.2 mostra a hidrografia da área de estudo:

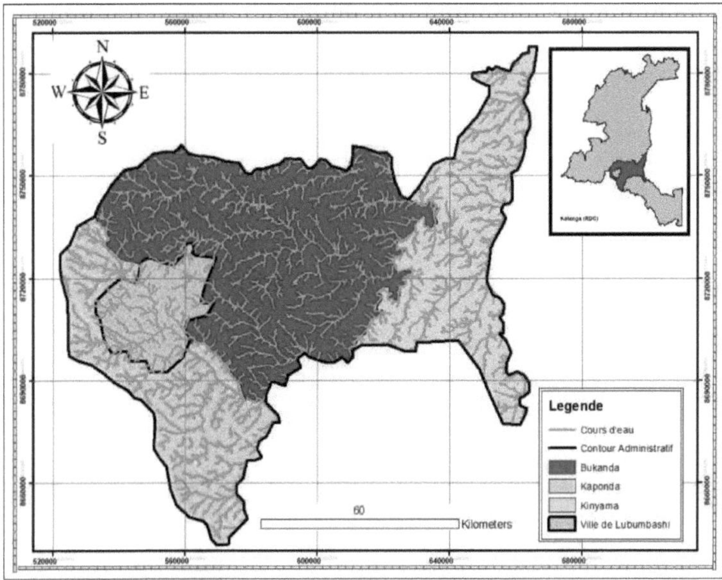

FIGURA I.2 - *Mapa hidrográfico de Kipushi, o mapa de inserção mostra a província de Haut-Katanga e o território de Kipushi a vermelho.*

I.1.3 Clima e vegetação

Classificado como um clima temperado húmido com uma estação seca, Kipushi goza de um clima tropical. A precipitação média anual durante os últimos 15 anos foi de 1.260 mm. A temperatura média anual é de cerca de 19,8°C. A vegetação encontrada na zona de Kipushi é geralmente de floresta aberta; a maior parte da cobertura vegetal é constituída por espécies das famílias das gramíneas e das leguminosas. A zona de Kipushi constitui a cintura verde da cidade de Lubumbashi. Por isso, a floresta é uma caraterística especial da zona, que contém uma grande parte da floresta aberta *de Miombo*. O investimento numa exploração racional, que garanta a manutenção do equilíbrio ecológico, seria um elemento muito importante para o desenvolvimento da zona, com base nos recursos florestais, que são a principal fonte de vários produtos para a produção de energia (carvão vegetal e lenha), cuidados de saúde (plantas medicinais), alimentação (produtos florestais não lenhosos: frutos, cogumelos, mel, etc.) e espécies lenhosas utilizadas na carpintaria e construção. Paciente [2020]

I.1.4   Geomorfologia

O mapa geomorfológico da cidade de Kipushi e Lubumbashi é apresentado na Figura I.3 em 3D.

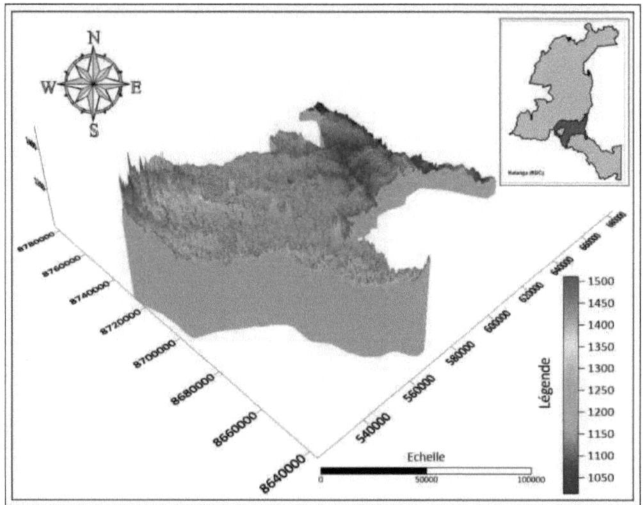

FIGURA I.3 - *Mapa da geomorfologia da cidade de Kipushi e Lubumbashi, o cartão de mapa mostra a província de Haut-Katanga e o território de Kipushi a vermelho.*

A topografia da cidade de Kipushi é caracterizada por colinas, algumas das quais atingem uma altitude de 1.350 a 1.400 metros, e planícies ocupadas por aldeias e antigos campos de trabalhadores da Gécamines. A cidade de Kipushi situa-se num planalto dominado por lapiás muito espaçados, separados por rochedos pontiagudos devido à topografia cársica. Os vales são ocupados por cursos de água, alguns dos quais são sazonais. Este sector faz parte do complexo geomorfológico dos planaltos de Katanga Bilolo [2016].

I.2   Enquadramento geológico

1.2.1 Geologia regional

De acordo com François [1987a], a região do grande Katanga apresenta formações geológicas divididas em dois grupos: formações rochosas de idade proterozóica e formações de cobertura de idade fanerozóica.

As formações proterozóicas estão dobradas e divididas em três grandes grupos, incluindo :

⇒ A cadeia Ubendiana de idade paleoproterozóica (1700Ma) ;

⇒ A cadeia Kibaran ou Supergrupo Kibara de idade Mesoproterozóica (1450900Ma) (Kokonyangi [2004]) ;

⇒ A cadeia Katangiana ou Supergrupo Katanga de idade Neoproterozóica (1000530Ma) (J. Cailteux [2019]).

As formações de idade fanerozóica são sub-tabulares e representam a cobertura sedimentar. De baixo para cima, são constituídas por :

⇒ O Grupo Biano de idade paleozóica (cambriana) (J. Cailteux [2019]) ;

⇒ A série Karoo de idade paleozóica (Permo-Carbonífero) (D. Delvaux [2010]) ;

⇒ A série Kalahari de idade Cenozóica;

⇒ Aluvião recente e sobrecarga de idade quaternária.

O território de Kipushi está coberto por formações de idade neoproterozóica representadas pela cordilheira Katanguienne ou pelo supergrupo Katanga.

1.2.2 O Supergrupo Katanga

O Katanguien é constituído por formações de idade Neoproterozóica a Paleozóica Inferior, uma parte das quais foi afetada por dobramentos que levaram à formação de um arco conhecido como "Arco Lufiliano" com uma direção de alongamento (formação) NW-SE, a sua convexidade está virada para o Septentrião (Norte) e a outra parte constitui a foreland do arco conhecido como "Katanguien Tabular". Encontra-se sob formações cristalinas de idade ubendiana e formações mesoproterozóicas da cordilheira de Kibaran (François [1987a], J. Cailteux [2005], J. Cailteux [2007]).

O Katanguien Tabular é limitado a nordeste pelo Bloco Bangweulu, que consiste em granitóides e rochas vulcânicas do Arqueano ao Paleoproterozóico e a Cordilheira Ubendienne do Paleoproterozóico, a sudeste pela Cordilheira Irumide do Mesoproterozóico e a oeste pela Cordilheira Kibaran. Assenta inconformavelmente na Cordilheira de Kibaran a norte e noroeste (Cahen [1970], J. Batumike [2008] citado por Kipata [2013]) e pensa-se que foi depositado num contexto de extensão de rift. A espessura total do Supergrupo Katanga varia entre 7 e 10 km (Kampunzu [1998], J. Cailteux [2019]).

Litho-estratigrafia, geodinâmica e paleogeografia de ambientes de pote

A cadeia do Katangan estende-se desde a Zâmbia até ao sudeste da RDC, ou seja, Katanga em geral. Tomando como pontos de referência dois níveis tilíticos (Diamictites) (o Grand e o Petit Conglomerates), foi subdividida em três grupos, cuja importância a nível regional é inegável. (François [1973], François [1987b], J.Batumike [2007], J. Cailteux [2005]). De baixo para cima, são os seguintes:

⇒ O grupo Roan (separado do grupo subjacente pelo Grand Conglomérat), ⇒ O grupo Nguba (separado do grupo subjacente pelo Petit Conglomérat), ⇒ E o grupo Kundelungu.

A síntese lito-estratigráfica do Katangiano é apresentada na Figura I.4.

Supergrupo	Grupo	Subgrupo	Formação	Litologia
KATANGUIEN	KUNDELUNGU: ±500 Ma	Biano Ku3		Arcos, conglomerado e arenito argiloso
		Ngule Ku2	Sampwe Ku2.3	Pelitos dolomíticos, Argiloso-microgranular
			Kiubo Ku2.2	Arenitos dolomíticos, micro-cascalho e pelitos
			Mongwe Ku2.1	Pelitos dolomíticos, micro-arenitos e arenitos
		Gombela Kul	Lubudi Kul.4	Camadas alternadas de calcário e carbonato arenoso
			Kanianga Kul.3	Xistos e microgresmas carbonatados

		Lusele Ku 1.2	Pedra calcária rosa
		Kyandamu KuLl	Conglomerado pequeno (tillite/diamectite)
NGUBA: 620Ma	**Bunkeya Ng2**	Monwezi Ng2.2	Arenitos dolomíticos, micro-cascalho e pelitos
		Katete Ng2.1	Arenitos dolomíticos alternando com xistos
	Muombe Ngl	Kipushi Ngl.4	Dolomites e xistos dolomíticos
		Kakontwe Ngl.3	Carbonatos
		Kaponda Ngl.2	Xistos carbonatados e microgravilha
		Mwale Ngl. 1	Grande Comglomerado (tillite / diamectite)
ROAN : 750 Ma	**Mwashya R4**	Kanzadi R4.3	Arenito ou alternância de xistos e microgres
		Kafubu R4.2	Xistos carbonatados
		Kamoya R4.1	Xistos dolomíticos, microarenitos, arenitos, leitos com inclusões comglomeráticas e cherts
	Dipeta R3	Kansuki R3.4	Dolomitas com camadas vulcânicas
		Mofya R3.3	Dolomites, microgres dolomíticos e arenitos
		Fungurume R3.2	Micro-arenito argilo-dolomítico com intercalação de arenito feldspático ou dolomite
		R.G.S. R3.1	Micro-cascalho argiloso-dolomítico (arenito-xisto)
	R2 minas	Kambove R2.3	Dolomitos e estromatólitos argilo-calcários laminados
		S.D R2.2	Xistos dolomíticos com 3 horizontes de carbono
		Kamoto R2.1	Dolomites estromatolíticos (RSC), dolomites silicificados e areníticos (RSF/D.Strat) e microgres argilo-dolomíticos (RAT cinzento)
	RAT Rl		Microstones e arenitos argilo-dolomíticos vermelhos " Rochas argilo-talcáceas<<
	A base do RAT não é		ɔien conhecido
<900Ma	**Base do comglomerado**		

FIGURA I.4 - *Síntese litoestratigráfica do Katanguiano (François, 1973; Cailteux et al., 1994; Batumike et al. Kipata, 2013; modificado por Cailteux e De Putter, 2019; Kanzundu, 2020)*

I.2.2.. 1 O Grupo Roan

O grupo Roan é maioritariamente constituído por dolomitos e xistos doomíticos

(Cailteux [1981], J. Cailteux [2007]). Subdivide-se em quatro subgrupos, de baixo para cima: R.A.T (Roches Argilo-Talqueuse) " Musonoi actuellement" *(R.1)*, Mines (*R*.2), Dipeta "Fungurume actuellement" *(R.3)* e Mwashya (*R*.4). Existem dois grandes ciclos de transgressão e regressão (Cailteux [1981], J. Cailteux [2019]). Cada ciclo começa com um depósito continental a sub-continental (*R*. 1 e *R*.3) e termina com sedimentos de plataforma carbonatada (*R*.2 e *R*.4).

O subgrupo de R.A. T(*R*.1)

Trata-se de formações macias constituídas por microarenos e arenitos argilo-dolomíticos vermelhos. Estas rochas estão oxidadas e afectadas por numerosos desprendimentos. Esta é a razão da sua descontinuidade no terreno (J. Cailteux [2005]). A base deste subgrupo (Musonoi atual) é ainda desconhecida.

O subgrupo Minas *(R.2)*

Compreende três formações, de baixo para cima, nomeadamente: a formação Kamoto (*R*.2.1); a S.D (*R*.2.2) e a Kambove (*R*.2.3). A base deste subgrupo é constituída por dolomitos estromatolíticos, que indicam condições redutoras. Os dolomitos deste subgrupo estão relacionados com depósitos de plataformas carbonatadas em marés e lagoas com condições redutoras (J. Cailteux [2005], AB Kampunzu [2005]).

O subgrupo Dipeta (*R*.3)

Dipeta (atualmente Fungurume) era subdividida em quatro formações, de baixo para cima: R.G.S (*R*.3.1); *R*.3.2; Mofya (*R*.3.3) e Kansuki (*R*.3.4) (J. Batumike [2007]), e agora está dividida em cinco formações. Estas formações são: a formação Kwatebala na base sobreposta pelas formações Dipeta, Tenke, Mofya e Kansuki no topo (J. Cailteux [2019]).

Esta base é representada por rochas argilo-arenosas oxidadas, o topo é ocupado por rochas argilosas do tipo Iagunaire, que no passado foram associadas à RGS do tipo Sebkha Cailteux [1981].

O subgrupo Mwashya *(R.*4)

Compreende três formações: a Kamoya *(R.4.1)* na base, a Kafubu *(R.4.2)* no meio e a Kanzadi (R.4.3) no topo. Trata-se de sequências sedimentares constituídas por xistos dolomíticos, microareias, arenitos, leitos de chert e um conglomerado na base, seguidos de xistos carbonosos (xistos negros) e, por fim, arenitos e alternâncias de xistos e microareias (J. Batumike [2007], J. Cailteux [2005].
A base da Formação Kamoya (Conglomerado Mwashya) corresponde a um diamictite depositado durante a glaciação Kaigas (770-735 Ma) (J. Cailteux [2019]).

I.2.2.. 2 O Grupo Nguba

Nguba subdivide-se em dois subgrupos, Muombe *(Ng.1)* na base e Bunkeya *(Ng.*2) no topo (J. Batumike [2007]).

O subgrupo Muombe *(Ng.1)*

Começa com a Formação Mwale *(Ng.1.1)* que consiste num diamictite conhecido como o "Grand Conglomérat" (AB Kampunzu [2005]), seguido pelo Kaponda (*Ng.*1.2), o Kakontwe (*Ng.* 1.3) e o Kipushi *(Ng.1.4)* (J. Batumike [2007], Cailteux et al., 2007). Atualmente, uma nova formação carbonatada, a "Dolomite Tigrada", está a ser introduzida acima da Formação Mwale, que é agora considerada uma formação separada do Subgrupo Muombe (J. Cailteux [2019]; Delpomdor et al., 2020).

O subgrupo Bunkeya (*Ng.*2)

Consiste na formação Katete (*Ng.*2.1) e na formação Monwezi (*Ng.*2.2), essencialmente arenitos dolomíticos, microarenitos e xistos.
Na parte sul do arco, a Formação Katete é representada pela alternância de dolomites e xistos, há muito conhecida como Série Recorrente (Tshilolo, 1987; Batumike et al., 2007; Cailteux et al., 2007; Heijlen et al., 2008).

I.2.2.. 3 O Grupo Kundelupgu

A idade das formações Kundelungu varia de cerca de 620 Ma a cerca de 502 Ma. Compreende o subgrupo Gombela *(Ku.1)* na base, o Ngule *(Ku.2) no* meio e o Biano (*Ku.*3) no topo, de acordo com a antiga subdivisão de Batumike et al (2007). Na base do Grupo Kundelungu encontra-se o pequeno conglomerado (diamictite com uma matriz argilo-carbonatada cinzento-púrpura e abundantes elementos cm), a Formação Kyandamu, que é atualmente considerada separada do Subgrupo Gombela. O Subgrupo Gombela é então constituído pelas formações Lusele (*Ku.*1.2), Ka- nianga (*Ku.*1.3) e Lubudi (*Ku.*1.4). O subgrupo Ngule inclui as formações Mongwe (Ku.2.1), Kiubo (*Ku.*2.2) e Sampwe (*Ku.*2.3). As formações Mongwe e Kiubo são essencialmente detríticas com conteúdo variável de carbonato. No seu conjunto, formam uma camada espessa que é interpretada como um depósito molássico que preencheu a bacia de Kundelungu logo após a primeira fase de dobragem *(D1)*, no final da deposição do subgrupo Gombela (François, 1973; Cailleux e De Putter, 2019; Ilunga e Cailleux, 2019). O topo da Formação Kiubo é ocupado por uma grande inconformidade tectónica que representa a parte basal das nappes que foram empurradas; localmente encontramos mega brechas formando a base destas nappes (Cailteux et al., 2018). O subgrupo Biano é constituído por arcoses, conglomerados e arenitos argilosos e pensa-se que tenha sido depositado durante o Câmbrico. Este subgrupo é atualmente considerado como um grupo separado do grupo Kundelungu (Batumike et al., 2007; Cailteux e De Putter, 2019; Ilunga e Cailteux, 2019).

I.2.2.   a Algumas alterações na estratigrafia do Supergrupo Katanga

Há já algum tempo que se propõem alterações na nomenclatura e nas definições das formações, subgrupos e grupos. Investigações muito mais recentes reviram a litoestratigrafia (Cailteux e De Putter, 2019), as nomenclaturas e as definições propostas por (Batumike et al., 2007; Cailleux et al., 2007). Atualmente, o subgrupo R.A.T é renomeado Musonoi, incluindo o membro inferior R.A.T grise neste grupo Musonoi.

O subgrupo Dipeta passa a chamar-se Fungurume com uma alteração e uma nova definição nas formações, a formação R.S.G passa a chamar-se Kwatebala, a formação

R33.2 é dividida em duas formações, a Dipeta e a Tenke. A formação Mofya (R3.3) permanece com a nomenclatura Mofya. As formações Mwale e Kyandamu são isoladas dos subgrupos Muombe e Gombela, respetivamente, e consideradas como formações de direito próprio. Uma capa de carbonato, a Dolomite Tigred, é introduzida acima da formação Mwale e constitui uma nova formação.

O subgrupo Biano é redefinido como um grupo autónomo destacado do Kunde-Lungu com uma idade cambriana. Uma inconformidade tectónica importante é reconhecida na base de Musonoï, e outra na base da formação Kansuki. Entre as formações Kiubo e Sampwe, surge uma nova inconformidade tectónica e entre os grupos Kundelungu e Biano, surge uma inconformidade estratigráfica. A existência de camadas carbonatadas espessas ou carbonatos de calota (Muombe e Gombela) acima dos diamictitos/tillitos (Petit e Grand Conglomérat) apoia a hipótese de uma Terra totalmente coberta de gelo, onde os continentes são cobertos por calotas de gelo e os oceanos por gelos de matilha "Teoria da Bola de Neve Arth" (Hoffman et al., 1998; Hyde et al., 2000, Kipata [2013] et al., 2013, Cailleux e De Putter, 2019; Delpomdor et al., 2020).

I.2.2. b Tectónica

Durante a orogenia Lufiliana, que faz parte das orogenias Pan Africanas, as formações do Supergrupo Katanga foram dobradas e empurradas. Esta orogenia deu aos sedimentos do Supergrupo Katanga a sua atual configuração em forma de arco. Citado em Batumike (2008), Binda e Porada (1995) estabeleceram a zonação tectónica que divide a Cordilheira do Katanga em cinco domínios:

⇒ Cintura externa de dobragem-empuxo ;

⇒ A área das cúpulas ;

⇒ Cinto sinclinarial ;

⇒ Katanga alto ;

⇒ O aulacógeno Katanga.

Demesmaeker et al (1970) e François [1987a] distinguem três sectores com diferentes efeitos tectónicos na "Falha externa e cintura de confiança", incluindo :

1. O sector sudeste: a tectónica caracteriza-se por anticlinais complexos
2. O sector central: a tectónica é extrusiva e as dobras mergulham para sul. Trata-se das regiões de Likasi, Shinkolobwe, Kambove e Fungurume.
3. O sector ocidental: as tectónicas são também extrusivas, sobrepostas e terminam em empurrões. O sector de Kolwezi tem uma estrutura de falhas muito complexa.

De acordo com Kampunzu e Cailteux (1999), a orogenia Lufiliana parece ter operado em três fases que contribuíram para a formação destes sedimentos. Estas foram :

⇒ A Fase *D1* (fase Kolweziana) foi caracterizada por dobras e empuxos, com as estruturas sendo transportadas na direção norte. O núcleo dos anticlinais era frequentemente afetado por falhas e ocupado por brechas tectónicas. Pensa-se que terá ocorrido entre 800 e 710 Ma, atingindo o seu pico entre 790 e 750 Ma.

⇒ Fase D2 (fase Monweziana), que afectou o terreno dobrado e sobreposto através de falhas de deslizamento senestial orientadas a E-W na parte ocidental da faixa (sistema de falhas Monwezianas). Esta fase surgiu entre 690 e 540 Ma e pode ser correlacionada com a orogenia que afectou a Cordilheira Dammariana a SW;

⇒ A fase *D3* (fase Chilatembo) é considerada responsável pelas dobras retilíneas e abertas de tendência NE-SW ortogonais ao arco e pelas dobras conjugadas de tendências N160-N170E e N70-80E na parte leste da faixa, sugerindo compressão orientada NW-SE (exemplo do sinclinal de Chilatembo). O agente deste evento ainda não é bem conhecido. No entanto, pensa-se que seja do Paleozoico Inferior e, portanto, inferior a 540 Ma.

Uma extensão deste modelo tectónico com uma análise cinemática de falhas e inversão de paleo tensões mostra um total de oito fases de deformação frágil (Kipata [2013]; Kipata et al., 2013). Destas oito fases, cinco estão relacionadas com a Orogénese Lufiliana e três são pós-orogénicas. As oito fases de deformação são:

⇒ A primeira fase: Compressão inicial N-S, expressa por fracturas não mineralizadas.

As estruturas têm uma direção preferencial E-W.

⇒ A segunda fase: Constrição na parte central do Arco Lufiliano exterior,

acompanhada de injecções de brechas tectónicas com intensa rotação dos blocos

num contexto de extrusão vertical. Atribui-se a deformação do tipo constrição

provocada pela curvatura monoclinal do Arco Lufiliano e considera-se que está

sincronizada com a própria curvatura.

⇒ A terceira fase: transgressão regional NE-SW, bem expressa no foreland do Arco

e na margem da cadeia Kibaran. Esta fase está correlacionada com a compressão

NE-SW observada na cadeia Ubendiana.

$_{13}$⇒ O quarto estádio: Transtensão após uma permutação de tensões σ e σ.

Desenvolveu uma extensão quase ortogonal do Arco na parte central e sul, é

provavelmente o resultado de um relaxamento após um encurtamento NE-SW da

terceira fase. Marca o início de uma extensão tardio-orogénica no Arco Lufiliano.

⇒ A quinta fase: Extensão paralela ao Arco, caracteriza-se por falhas normais com

remobilização mineral (impregnações de malaquite podem ser encontradas nas

estrias de certos planos de falha), e marca uma extensão tardo-orogénica.

⇒ A sexta fase: Inversão da transgressão regional NW-SE, esta fase é constituída por

fracturas não mineralizadas e teria desenvolvido dobras mesoscópicas ortogonais

à direção preferencial do Arco Lufiliano exterior na sua parte SE. Caso de

Luiswishi e Mine de l'Etoile.

⇒ Sétima e oitava etapas: trata-se de uma extensão NE-SW e NW-SE. Estas duas

etapas estão ligadas a um contexto extensional que teria prevalecido na África

Oriental após uma reversão da transgressão.

Outros trabalhos mostram que a correlação entre as três fases estabelecidas por
Kampunzu e Cailteux (1999) e alguns dos estágios de deformação frágil de Kipata

(Kipata [2013]; Kipata et al., 2013) é a seguinte:

⇒ A fase *D1* está ligada à primeira fase, a primeira fase de deformação caracterizada por falhas de empuxo, cujas falhas características são essencialmente desmineralizadas. O dobramento do Arco corresponde à segunda fase e está sempre ligado à fase *D1*. Este fenómeno é conhecido como "ben ding". Foi interpretado como o resultado provável da compressão controlada por tensões laterais geradas pela cadeia Kibaran a NW e pelo bloco Bangweulu a leste;

⇒ A fase D2 corresponde à terceira fase, onde o regime de deformação é descolado

com deformação transgressiva caracterizada por falhas descoladas de extensão regional;

⇒ A Fase *D3* corresponde à sexta fase, que teria ocorrido após a quarta e quinta fases,

ambas podendo refletir fluxo gravítico e extensão tardia a pós-orogénica. A Fase *D3* é, portanto, pós-orogénica, uma inversão Permo-Triássica sob a forma de um rift transpressivo encontrado noutras regiões de África.

O Nguba e o Kundelungu, tal como o subgrupo Mwashya, estão ligados a uma fase muito grande de extensão e falhas normais que marca a transição do rifting para um proto-oceano do tipo do Mar Vermelho (Buffard, 1988; Cailteux et al., 2007).

I.2.2. c Magmatismo

O magmatismo nas formações neoproterozóicas do Supergrupo Katanga é representado por :

⇒ Quineritos de rocha básica nas formações do Subgrupo das Minas de Etoile, no sector de Kambove e no polígono mineiro de Luishya (Lefebvre e Cailleux, 1975);

⇒ Sills e diques de rochas gabroicas e dioríticas no subgrupo Fungurume (ex-Dipeta) nos sectores de Kakonge, Mwadingusha, Makawe, Shinkolobwe e Kipushi (Lefebvre e Cailteux, 1975; Batumike et al., 2007; Mashala, 2007);

⇒ Piroclastos básicos encontrados em formas variadas (tufos, lapillis, argilitos) na formação Kansuki (antiga Lower Mwashya) (Lefebvre, 1973; Cailleux et al., 2007; Cailleux e De Putter, 2019);

⇒ Lavas básicas e dioríticas na base do Grand Conglomérat na região de Kibambale perto de Mitwaba e Basaltos em Kasenga. Foram identificados tubos de kimberlito no planalto de Kundelungu (Batumike, 2008; Batumike et al., 2008).

1.2.2. d Metamorfismo

De acordo com François [1987a], o Supergrupo Katanga sofreu metamorfismo, cuja intensidade aumentou de norte para sul e de este para oeste. Este metamorfismo resultou na transformação dos argilominerais do sedimento original em sericite e clorite autógenas. A sericite é mais abundante do que a clorite, exceto em alguns horizontes do Roan. Caracteriza-se pela presença ocasional de albite de neoformação e pela talcificação mais ou menos completa de certos bancos de dolomitos tetanizados. Unrug (1983) distingue três zonas metamórficas da Zâmbia ao Katanga. Estas são :

⇒ A zona de sericite e clorite de Lubumbashi a Kengere em direção ao norte da bacia de Katanguien;

⇒ A zona scapolite-epidote-actinote, nesta zona o metamorfismo é do tipo fácies anfibolito como notamos a presença de conjuntos mineralógicos compreendendo cianite Musoshi, Kitwe e Lambo-Kisinga;

⇒ O conjunto metamórfico representado por clorito-biotita-distenitos indica que as temperaturas variaram entre 4000°C e 6000°C sob condições de pressão que variam de 2 a 8 Kb. Isto mostra que as formações do Supergrupo Katanga sofreram metamorfismo do tipo Barrow.

1.2.2. e Mineralização no arco Lufiliano

As principais mineralizações conhecidas no arco Lufiliano do Katanga, no que diz respeito à sua posição litoestratigráfica, são :

Mineralização de Zn-Cu-Pb relacionada com Nguba (Intiomale e Oosterbosch [1992]; Intiomale [1982]; Chabu.M [1990]. Este tipo de mineralização tem sido associado a depósitos de veios polimetálicos,

Brown [1979] distribuiu ao longo das principais falhas que se desenvolveram durante a orogenia Lufiliana. Intiomale [1982] e Oosterbosch [1992]; (Kampunzu et al., 1998) interpretam estes depósitos como tendo sido formados durante regimes compressivos associados a grandes empurrões que marcam o encerramento da Bacia do Katanguien.

Os depósitos de ferro estão principalmente localizados no Baixo Mwashya, no sul do Katanga (Oosterbosch [1992]; François [1987a] e Cailteux [1981]). Trata-se de depósitos estratiformes em que o minério se encontra sob a forma de magnetite, oligite ou goethite e aparece em leitos maciços ou em faixas. Estas ocorrências foram, por conseguinte, classificadas por François [1987a] e Cailteux [1981] como formações itabíticas. Nos estratos de Nguba, no caso do depósito de Kisonga perto de Kambove, estes depósitos apresentam-se sob a forma de aglomerados. As rochas ferríferas que aparecem perto de Kengere e ao sul do Arco de Lufilien no Katanga estão localizadas no Roan indiferenciado (François [1987a] e Cailteux [1981]).

O Alto Mwashya em torno de Lubumbashi e Mulungwishi é abundantemente afetado por veios de hematite. O depósito de Moa-Mululu na estrada de Lukafu e o depósito de Kanunka entre Mulungwishi e Luambo, anteriormente atribuído ao Sous-Groupe des Mines, estão agora associados ao Alto Mwashya. Também foram observados depósitos de ferro no Roan Inferior detrítico da porção SE do Arco Lufiliano (Bala-Bala, 1985), no RAT lilás na base do Katanguien e também nos xistos Kundelungu, onde o minério aparece sob a forma de manchas e veios de oligite (Cahen [1977]).

A mineralização de cobre-cobalto é de longe a mais importante do ponto de vista económico. Estas mineralizações estão classicamente alojadas no Subgrupo das Minas e, excecionalmente, no Baixo Mwashya em Shituru e Tilwezembe para o sector do cobre do NW, mas também no Nguba em Kipushi, Lombe e Kengere. No distrito SE do Katanga e da Zâmbia, estes minerais estão alojados nas formações detríticas grosseiras Roanianas de Mutanda (Mines de Kisenda et de Lubembe) Ngoy (1995) e Ore-shales em Musoshi (Tshiauka et al 1995). São rigorosamente estratiformes no Subgrupo Mineiro onde constituem dois corpos mineralizados, inferiores na dolomite de Kamoto (D. Strat. e RSF) e superiores na base dos Xistos Dolomíticos, bem como corpos lenticulares na dolomite de Kambove ou CMN (Calcário com minerais negros) (Cailteux, 1994).

Discutindo a evolução dos modelos genéticos dos depósitos de cobre-cobalto do Arco de Cobre do Katanga e da Zâmbia (Okitaudji, 1997), seguindo Cailteux [1981], demonstrou que as concentrações destes metais eram singénicas. Os metais presentes nos sedimentos são aprisionados pelo enxofre produzido pela redução bacteriana dos sulfatos marinhos. Este processo dá origem a massas de minério estratiformes e acamadas, que podem ser enriquecidas ou empobrecidas em certos locais devido à posterior remobilização de fluidos metamorfogénicos anteriores à estruturação do Groupe des Mines e à posterior remobilização supergénica.

I.2.3   Geologia local

A figura I.5 abaixo ilustra a geologia local da área de estudo:

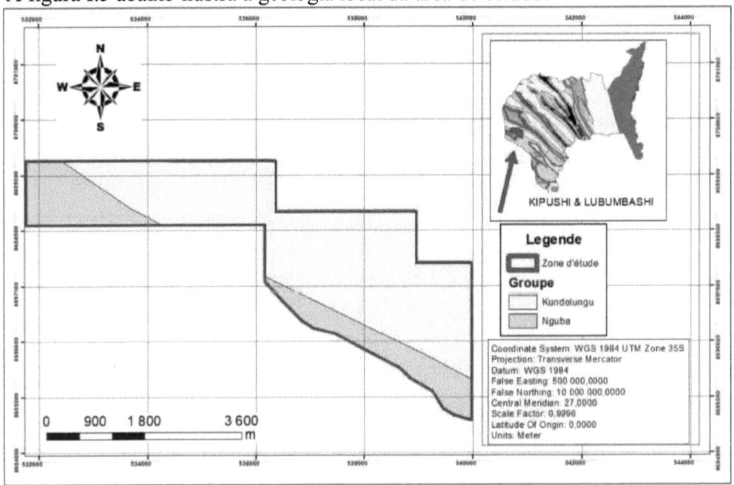

FIGURA I.5 - *Mapa geológico local da área de estudo, o cartão do mapa mostra a geologia regional do território de Kipushi e da cidade de Lubumbashi, a seta vermelha indica a nossa área de estudo a vermelho.*

A nossa área de estudo está coberta por rochas de idade neoproterozóica, como se pode ver no mapa anterior. Apenas os dois grupos Katanguianos afloram aqui, o Nguba e o Kundelungu, e as formações geológicas estão orientadas para noroeste-sudeste e mergulham para nordeste, de acordo com Intiomale [1982] e Nyembo [1997].

I.2.3.. 1 Litho-estratigrafia

A litoestratigrafia Katanguiana modificada por François [1987a], (Batumike et al., 2007 e Cailteux et al., 2007), Kipata [2013], bem como Kanzundu [2020] mostra a seguinte litoestratigrafia na nossa área de estudo:

1.2.3. um Nguba

Este grupo inclui os seguintes cursos de formação:

⇒ de Kipushi (Ng 1.4) constituído por dolomitos e xistos dolomíticos,

⇒ do Katete (Ng 2.1) constituído por xistos alternados com leitos dolomíticos, conhecidos como "Série Recorrente",

⇒ e Monwezi (Ng 2 ;2) constituídos por arenito dolomítico e micro arenito.

Estas formações são indiferenciadas (não existem contactos geológicos entre elas).

1.2.3. b Kundelungu

De acordo com François [1987a], neste grupo estão presentes as seguintes

formações: ⇒ Lusele (Ku 1.2) constituída por dolomitos micríticos rosados, ⇒

Kanianga (Ku 1.3) constituída por xistos carbonatados e microgres,

⇒ Mongwe (Ku 2.1) consiste em pelitos dolomíticos, micro-arenitos e arenitos;

⇒ Kiubo (Ku 2.2) consiste em arenito dolomítico, microstone e pelito.

De notar que estes cursos são também indiferenciados.

Trabalhos anteriores mostram o nível NW-SE Kaponda (Ng 1.3), com 111,30 m de espessura em Kipushi, dos quais 76,70 m são essencialmente uma dolomite azul-acinzentada com alternância de laminações claras e escuras, conhecida como dolomite tigre (François, 1973).

Os depósitos hidrotermais em zonas de tensão encontram-se em áreas sujeitas a pressões irregulares, onde redes de fissuras descontínuas se desenvolveram subparalelamente aos horizontes comprimidos, local de circulação hidrotermal suscetível de produzir minérios valiosos.

Um deles é o tipo Kisanga, que consiste em aglomerados espessos, lenticulares ou elípticos de substituição de pirite contendo Zn, Cu, Pb, As e Co, em dolomites laminadas sujeitas a forte torção no contacto Kaponda-Kakontwe. Os minérios alteram-se para hematite-limonite contendo vários oligoelementos.

I.2.3. c Estrutura

A orogenia Katangan observada no sul do Katanga determina um pormenor morfológico desde a fronteira Congo-Zâmbia até ao Rwashi, materializado pela seguinte sucessão: O anticlinal de Kipushi, o sinclinal de Kafubu, o anticlinal de Lupoto, o sinclinal de Lubumbashi e o anticlinal de Rwashi. O anticlíneo de Kipushi é uma dobra que mergulha ligeiramente para *NNE*, com o flanco norte a mergulhar entre 75° e *85°NE* e o flanco sul a mergulhar entre 60° e 70° para sul. Intiomale [1982]. O depósito polimetálico de cobre-chumbo-zinco de Kipushi, uma concentração em forma de veia, está localizado na extremidade NW do flanco norte do anticlíneo. A orogenia Katangan produziu duas falhas tectónicas principais, listadas abaixo:

1. **a falha de Kipushi:** trata-se de uma falha transversal muito acentuada, com uma inclinação de cerca de *70°NW*, que corta as formações de Mwashya, os grupos Likasi-Lubumbashi e as séries recorrentes no flanco norte. Esta falha está mineralizada.

2. **a falha axial:** esta falha atravessa o Roan e é uma falha longitudinal que corre no *sentido ESE-WNW*, preenchida pela brecha axial do Roan. Na extensão da falha axial e com a falha de Kipushi, uma zona de colapso preenchida com brechas pode ser vista em Nyembo [1997].

Capítulo 2: ENQUADRAMENTO TEÓRICO E METODOLÓGICO

II.1   Quadro teórico do método magnético

Reproduzir uma imagem precisa de tudo o que se esconde no subsolo é aparentemente difícil e muitas vezes inaceitável à primeira vista, mas os instrumentos (sondas) utilizados em medicina permitem um diagnóstico direto e eficaz e dão uma imagem fiel do estado do órgão afetado, permitindo ao médico prescrever imediatamente ao doente o medicamento desejado. Todos os diagnósticos efectuados ao doente são realizados em tempo real (exemplo da utilização de sistemas periciais) ou ligeiramente atrasados (podem ser necessárias várias sessões para localizar a doença). A decisão de tratar a doença progressivamente ou de remover o órgão afetado depende da interpretação do médico assistente).

Os termos destacados utilizados neste primeiro parágrafo têm um significado semelhante na exploração geofísica do subsolo H.Shout [2004].

O método magnético utiliza uma sonda (um magnetómetro) para medir uma propriedade físico-química da matéria (um parâmetro petrofísico), que é a suscetibilidade magnética. Em resumo, consiste em estudar o campo magnético terrestre medido à superfície da terra para determinar a distribuição da suscetibilidade magnética no subsolo.

II.1.1 O campo magnético

Em qualquer ponto da superfície terrestre, a agulha da bússola está orientada, e esta orientação prova que existe um campo magnético natural ligado à Terra. O estudo da ação recíproca de um íman e de uma agulha magnetizada mostra que tudo se passa como se ambos transportassem massas magnéticas positivas e negativas que podem ser medidas qualitativamente.

,Duas massas magnéticas *m* e *m2* atraem-se se tiverem sinais opostos e repelem-se se tiverem o mesmo sinal, por forças proporcionais (F) ao produto das suas massas e inversamente proporcionais ao quadrado da sua distância *r* (C. Coulomb, 1736-1906) citado por H. Shout [2004].

$$F - \frac{1}{\mu} * \frac{m_1.m_2}{r^2}$$

com: μ: a permeabilidade do meio ($\mu=1$ no vácuo e no ar).

,,O campo magnético num ponto *P* é representado pela força que actuaria sobre uma massa magnética unitária *m (m* = 1) situada nesse ponto. ,,Esta força pode ser atractiva se *m* e *m2* tiverem sinais opostos, ou repulsiva se *m* e *m2* tiverem o mesmo sinal. O campo magnético é caracterizado por :

1. um ponto de aplicação,

2. uma direção,

3. Significado,

4. um valor (a sua intensidade).

II.1.1.. 1 Unidades de medição do campo magnético

A unidade do campo magnético é uma das seguintes: No sistema CGS temos o oersted *(Oe)* e o gama (γ).

,O oersted é a unidade que mede a intensidade do campo magnético gerado por uma massa magnética igual à unidade *(m* = 1), colocada a uma distância de um centímetro de uma determinada massa. No sistema CGS, a dimensão do oersted é *cm1/2g1/2s-1*.

$_x{}^2$Como μ = 1 no ar (ou no vácuo), um Œrsted é equivalente a um gauss (definido como um maxwell por centímetro quadrado *(M /cm)*. Como o Gauss é uma unidade de indução

11.1.2   O pólo magnético

O pólo magnético é, por definição, o ponto da superfície terrestre onde a agulha de uma bússola apontaria para baixo, ou seja, onde o campo magnético é vertical. O pólo magnético norte tem um campo magnético mais fraco do que o pólo magnético sul, o que significa que o centro do dipolo está ligeiramente mais afastado do centro do dipolo. O eixo deste dipolo intersecta a superfície da Terra a 78,5 N e 69 W. Além disso, os estudos paleomagnéticos mostram que este eixo nunca esteve demasiado afastado do eixo de 11°5 com o eixo de rotação da Terra.

Por analogia com as cargas eléctricas encontradas na eletrostática, a noção de massa magnética é definida da mesma forma no magnetismo (não tem realidade física e é apenas utilizada para formulação e cálculos).

⇒ As massas magnéticas são assumidas como positivas se estiverem relacionadas com o Pólo Norte, no caso de um íman ou de um Norte magnético;

⇒ As massas magnéticas são assumidas como negativas se se referirem ao Pólo Sul (Pólo Magnético Sul).

No passado, utilizava-se gamma(γ) para exprimir o valor do campo.

[22,1]No SI, o Weber *(Ж0)* tem a seguinte dimensão: *Kgm s A* .

[2]Atualmente, a unidade utilizada na prospeção magnética é a nanotesla *(nT), cuja* dimensão SI é *Kgs~ A-1*, com um conjunto de transformações exatamente igual à antiga unidade, o gama(γ). No Katanga, a intensidade total do campo *(F)* é superior a *31*.000nT.

$$(1nT) - 10^{-9}T - 1(\gamma) - 10^{-5}(Gauss) - 10^{-5}(Oe) - 10^{-9}(Wb/m^2)$$

11.1.3   O momento magnético

Não existe massa magnética livre; qualquer corpo magnético tem sempre dois pólos magnéticos opostos (Sul e Norte) definidos em relação ao pólo geocêntrico da Terra. O momento magnético (*M*) é diretamente proporcional à massa magnética situada no pólo do íman (*Tm)* e à distância que separa os pólos magnéticos do íman *(l)*.

$$M - \pm m.l$$

Numa escala microscópica, quando os protões e os seus electrões vibram e rodam, conferem ao átomo o seu próprio momento magnético, e o movimento dos electrões em torno do núcleo também lhes confere um momento magnético angular. O momento magnético de um eletrão é a soma do seu momento magnético intrínseco e do seu momento angular.

II.1.4 O dipolo magnético

$_{12}$O dipolo magnético é uma associação de duas massas magnéticas *-m* e *+m* situadas a uma distância infinitesimal *d* uma da outra. Normalmente utilizamos o conceito de dipolo, que está mais próximo da realidade de um íman com dois pólos, mas também podemos utilizar um momento magnético definido pela expressão :

$$d_M - m.d_l$$

$_1$em que d_l é o vetor que vai de *-m* a *+m*.

II.1.5 A suscetibilidade magnética das rochas

A suscetibilidade magnética é a capacidade de uma rocha se magnetizar sob a ação de um campo magnético de excitação ou de um campo magnético ambiente.

$$K = \frac{T}{\beta}$$

em que : *T:* sendo a magnetização induzida pelo campo β.

A direção e a intensidade da magnetização dependem essencialmente da constante *K*, conhecida como a suscetibilidade magnética do corpo (coeficiente de magnetização).

II.1.5..1 Intensidade magnética

$_{VM}$A intensidade de magnetização de um corpo representa o momento magnético de um volume unitário desse corpo ou de um volume elementar d . É definida por uma intensidade de magnetização Jet tem um momento magnético d , tal que :

$$I - \frac{d_M}{d_V}$$

II.1.6 Campo magnético da Terra

A figura II.1 mostra as componentes do campo magnético:

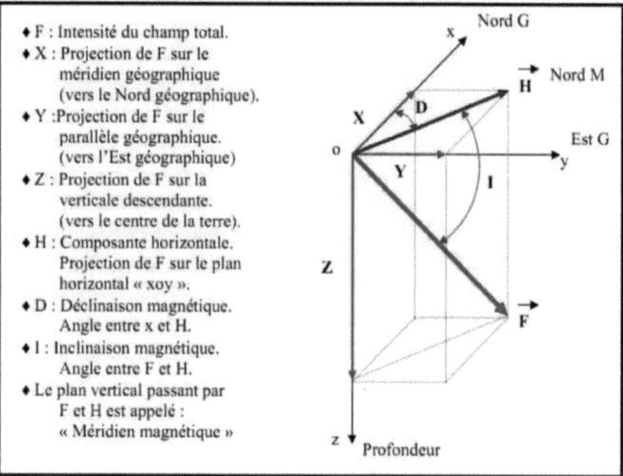

FIGURA II.1 - *Componente do campo magnético da Terra; Telford-1998*

O campo magnético pode ser definido por três componentes em qualquer ponto: norte, sul e vertical (x, y, z).

Muitas vezes, dá-se um valor expresso pela grandeza do campo total F e pela sua declinação D, bem como pela sua inclinação I; onde D é o ângulo entre a componente horizontal do campo e o norte geográfico e I, o ângulo entre F e a horizontal Chouteau [2002]. O campo magnético da Terra pode ser aproximado por um campo dipolar. É demasiado complexo para ser expresso por uma função matemática simples, mas pode ser considerado uniforme numa distância de algumas centenas de quilómetros, e o ruído de fundo geológico é fácil de observar.

F tem uma intensidade de 0,6 Oe nos pólos magnéticos ($I=\pm0°$) e um mínimo de 0,3 Oe no equador magnético ($I=0°$).

II.1.6.. 1 Origem do campo principal

O campo magnético principal pode, teoricamente, ser causado por uma fonte interna ou externa, cuja variação pode ser persistente ou registada por um fluxo de corrente. Análises matemáticas do campo observado à superfície da Terra mostram que pelo menos 99% é causado por fontes internas e 1% por fontes externas à Terra. O campo magnético atual é o resultado de três componentes: uma fonte interna (campo principal), uma fonte externa (campo transitório) e uma fonte induzida (campo anómalo).

II.1.6. a Campo magnético interno

O campo magnético interno é a parte principal do campo e corresponde aproximadamente ao de um dipolo (origem interna). Este campo varia lentamente ao longo do tempo, nomeadamente ao longo dos séculos, no que se designa por "variação secular". Várias teorias têm sido avançadas para explicar os mecanismos das fontes internas, sendo a mais explícita a do efeito dínamo.

Teoria do efeito dínamo

A figura II.2 ilustra o efeito dínamo:

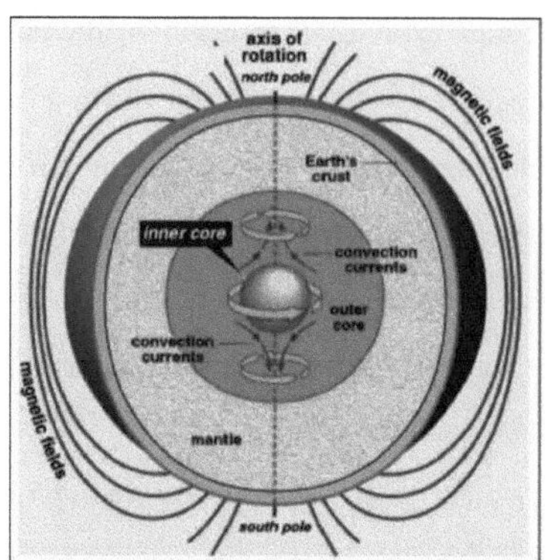

FIGURA II.2 - *Diagrama da estrutura interna da Terra, mostrando os núcleos interno e externo e os movimentos de convecção (setas) que dão origem ao campo magnético. A ciência. Ciclos*

O efeito dínamo sugere que o campo magnético da Terra é criado e mantido por um processo de indução. Correntes eléctricas intensas circulam no núcleo externo, que tem uma condutividade eléctrica muito elevada (núcleo externo: a parte líquida do núcleo situada entre r = 1300 e 3500 km.

Assume-se agora que o núcleo é uma combinação de ferro (Fe) e níquel (Ni), ambos bons condutores eléctricos. Mesmo que o núcleo fosse constituído por elementos menos condutores, a enorme pressão poderia pressionar os electrões para formar gases de electrões livres com uma condutividade satisfatória.

A fonte magnética é ilustrada pelo modelo de autoexcitação. Por outras palavras, um fluido de alta condutividade move-se num movimento complexo e as correntes eléctricas são causadas por variações químicas que produzem um campo magnético (de T.Rikitake, Electromagnetism and the Earth's Interior", Elsevier North-Holland, 1966).

II.1.6. b O campo de transição

Pode ser descrito como um campo adicional (campo transiente), gerado por correntes na atmosfera superior e na magnetosfera. Esta componente sofre dois tipos de variação que resumimos brevemente como se segue:

Variações diurnas

Caracterizam-se por uma baixa amplitude de cerca de 30 a 40 gamas, mas têm uma periodicidade da ordem de um dia; atingem um máximo por volta do "meio-dia", hora solar local (a amplitude da variação diurna continua a ser maior no verão do que no inverno).

Variações rápidas ou transitórias

A figura II.3 mostra as variações rápidas e transitórias.

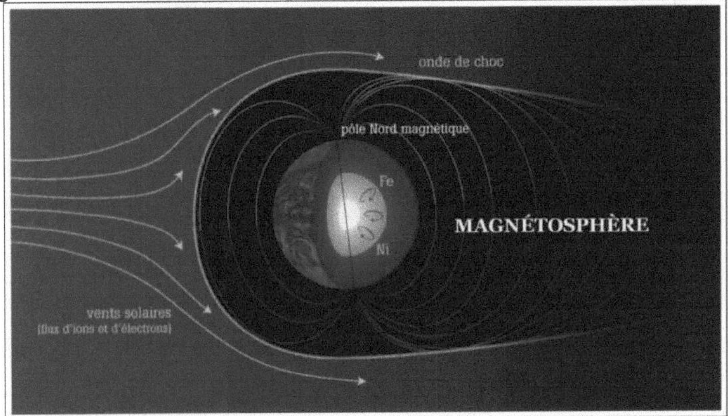

FIGURA II.3 - *Ilustração do campo transiente e interno, (www.laurinemoreau.com).*

As variações rápidas ou transitórias são variações de curta duração, geradas pela atividade solar, de baixa amplitude, mas que, no caso das tempestades magnéticas, podem atingir até 2000 gamma. As causas do campo transiente são exteriores ao globo, pois é evidente que os seus períodos são os de fenómenos astronómicos ou astrofísicos: rotação da Terra e do Sol, revolução da Terra, ciclo de atividade do Sol.

Pensa-se que as fontes da variação solar diária são as correntes eléctricas que circulam na parte iluminada da ionosfera: o gás da camada rarefeita, ionizado pela radiação solar, desloca-se horizontalmente sob o efeito de forças de maré de origem essencialmente térmica (e eventualmente gravitacional: influência Lua-Sol): o movimento do gás condutor no campo magnético da Terra induz correntes eléctricas e, portanto, um campo magnético, que varia com o número de iões e a sua velocidade. Pensa-se que as outras variações têm origem em fenómenos diferentes: variações do vento solar e do campo interplanetário, correntes eléctricas (anel de corrente equatorial).

11.1.6. c Campo anómalo

A fonte induzida, que se deve à magnetização induzida das rochas, é mais fraca e representa o campo magnético anómalo, que se sobrepõe ao campo magnético principal. O objetivo da prospeção magnética é identificar anomalias no campo anómalo.

II.1.7 Magnetismo das rochas

A maior parte dos elementos que constituem as rochas são ligeiramente ou muito magnéticos. A suscetibilidade magnética k é o parâmetro físico essencial. A resposta das rochas e dos minerais é condicionada pela quantidade de minerais magnéticos presentes; estes últimos têm valores de k muito mais elevados do que outros minerais (magnetite, ilmenite, pirrotite). Assim, são visíveis diferenças significativas no campo principal, em resultado das variações do teor em minerais magnéticos das rochas próximas da superfície.

11.1.7. a Magnetização remanescente

Diz-se que a magnetização de uma rocha é remanente quando persiste na ausência de uma fonte magnética externa. Resulta de cinco tipos de magnetização:

1. Magnetização termoremanente (TMA), o mecanismo essencial para a magnetização das rochas;
2. Magnetização remanescente isotérmica (ART) ;
3. magnetização química (ARC) ;
4. magnetização detrítica (ARD) ;
5. magnetização viscosa.

O mecanismo remanescente de uma rocha pode ser significativo e ter uma polaridade muito diferente do campo atual.

11.1.7. b Magnetização induzida

A indução é muito mais importante do que a remanência, exceto em alguns casos raros (basalto, certos minerais). A intensidade de magnetização J é proporcional ao campo aplicado T :

$$J = kT$$

Sendo k a suscetibilidade magnética e T o campo aplicado. A suscetibilidade magnética de uma rocha aumenta muito geralmente com a percentagem de magnetite e ilmenite que contém, e varia com o campo T à temperatura normal e com a temperatura para T um campo externo constante. A tabela seguinte apresenta alguns valores médios de suscetibilidade para minerais e rochas Magatte Fari [1995].

Minerais e rochas	^{6}Suscetibilidade magnética (x 10)
Magnetite	>100.000
Ilmenite	30.000
Pirrotite	7.000
Hematite	150
Augite	150
Wolframite	210
Diorite	3.000
Peridotite-Dolerite	8000
Orthogneiss	1000 à 1500
Xisto	100
Argila	200
Arenito	0 à 150
Calcário	0 à 10
Anidrite e gesso	1 à 10

TABELA II.1 - *Valores de suscetibilidade para alguns minerais e rochas (segundo LASFARGUES (1996))*

Podemos ver que as rochas sedimentares e os evaporitos têm as susceptibilidades médias mais baixas, enquanto as rochas ígneas básicas têm as mais altas. A indução magnética é o campo total no exterior de um corpo. Representa a resultante do campo aplicado e da magnetização:

$$B - T + 4\pi.J$$

B é expresso em Tesla (unidade SI) ou em gauss (sistema u.e.m ou c.g.s), a unidade prática.

[-5-9]é o gamma- γ-(lγ=10 gauss=10 Tesla).

A razão entre a indução B e T, o campo que a provoca, define a permeabilidade magnética μ. Igual a I no vácuo, está ligada à suscetibilidade k pela relação :

$$\mu - 1 + k$$

II.1.7. c Principais tipos de magnetismo

De acordo com as suas propriedades magnéticas, os materiais (elementos minerais, rochas) podem ser classificados em três grupos: diamagnéticos, paramagnéticos e ferromagnéticos. Quando a suscetibilidade magnética de um material é negativa (k<0), diz-se que é **diamagnético**; a intensidade da magnetização induzida opõe-se ao campo indutor. Esta propriedade é mais fraca do que outras formas de magnetismo. Nesta categoria incluem-se a maioria dos gases, a água, os óxidos, muitos metais (ouro, mercúrio, prata, cobre, chumbo) e minerais como o diamante, a grafite, o quartzo, a calcite, a galena e quase todos os compostos orgânicos.

Os corpos **paramagnéticos** têm uma suscetibilidade magnética positiva (K magnético>0). Perdem a sua magnetização assim que o campo externo desaparece, o que é o caso da maioria das rochas. São exemplos a limonite, a hematite, a pirite, a dolomite e o espoduménio.

Os corpos **ferromagnéticos** são os menos numerosos, mas têm susceptibilidades magnéticas elevadas. O ferro, o cobalto e o níquel constituem esta classe. O crómio e o manganês, paramagnéticos no estado livre, formam combinações ferromagnéticas com muitos metalóides: *MnBi, CrO, CrTe.*

A Figura II.4 ilustra um diagrama ternário de minerais ferromagnéticos:

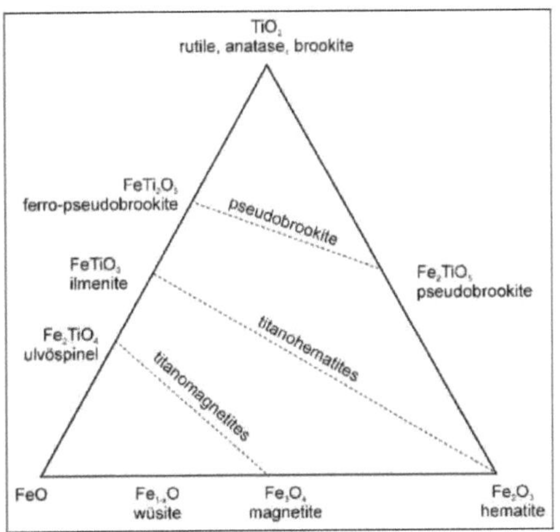

[232]FIGURA II.4 - *Diagrama ternário FeO - Fe O -TiO de minerais ferromagnéticos*

[2]Os minerais responsáveis pelas propriedades magnéticas das rochas pertencem principalmente ao sistema ternário, cujos vértices a, b e c correspondem cada um a *(a: FeO; b: Fe2O3; c: TiO).*

Os outros minerais são a pirrotite e os oxi-hidróxidos de ferro (goethite *FeOOTa* e lepidocrosite *FeOOTγ).*

O ponto de Curie é a temperatura à qual a magnetização de uma substância ferromagnética se torna insignificante. [343]Para a magnetite *Fe O,* por exemplo, o ponto Curie é 578 C, a sua densidade é 5,20 e a sua magnetização de saturação à temperatura normal é *480uem/cm .*

II.1.8 Prospeção magnética

A prospeção magnética baseia-se no estudo das anomalias magnéticas associadas às rochas situadas na crosta Jacques Dubois [2011]. Consiste em medir a intensidade total do campo magnético terrestre ao longo de certos perfis espalhados por uma determinada superfície ou área. Pode ser efectuada em terra, no mar ou no ar (aerotransportada) H. Shout [2004].

II.1.7. a Áreas de aplicação

O método magnético pode ser aplicado nos seguintes domínios:

1. **Em geologia :**

⇒ A reconstrução dos movimentos passados das placas tectónicas em escalas temporais geológicas (paleomagnetismo) e a inversão periódica do campo geomagnético da Terra em sequências de rochas vulcânicas e sedimentares (magneto-estratigrafia);

⇒ Como apoio à cartografia geológica num sector onde afloram poucas rochas, o mapa magnético permite deduzir o ambiente geológico. Deteção de falhas e fracturas (cartografia geológica)

2. **Exploração mineira :**

⇒ Deteção direta de depósitos de metais (ferro magnético, magnetite) e depósitos de amianto (as fibras estão intimamente associadas à magnetite e encontram-se em rochas muito básicas);

⇒ A deteção direta de Níquel associado a rochas básicas, e mineralização geralmente associada a estruturas (falhas, dobras, intrusivas, etc.) ;

⇒ A procura de kimberlitos (contêm 5 a 10 por cento de óxidos de ferro);

⇒ Permite-te interpolar entre afloramentos sem teres de perfurar ou escavar.

3. **Exploração petrolífera:** estudo das bacias sedimentares com base nas anomalias provocadas pelas estruturas do subsolo ou pela topografia e na deteção indireta de armadilhas estruturais (falhas, dobras).

4. **Em hidrogeologia:** procura de água subterrânea (localização das fracturas e geometria do aquífero).

5. **Na arqueologia:** a deteção de corpos metálicos enterrados põe finalmente em evidência as anomalias magnéticas que podem testemunhar vestígios dos últimos milénios.

6. **Ambiente:** para cartografar contaminantes ou sítios poluídos;

7. **Em engenharia civil:** para detetar objectos enterrados que contenham muito ferro. Por exemplo, os engenheiros civis podem querer verificar se não há destroços de barcaças metálicas no fundo de um rio, ou procurar bombas por explodir enterradas no sedimento antes da construção de um porto.

II.1.8. b Vantagens, desvantagens e limitações

1. Benefícios

⇒ método barato, leve e rápido (gradiometria) ;

⇒ a medição do gradiente vertical do campo magnético elimina a necessidade de processamento pesado e a necessidade de ter em conta as variações temporais do campo;

A medição do campo total ⇒ dá-te uma representação mais realista do campo magnético.

2. Limites

⇒ a oxidação de objectos ferromagnéticos pode, por vezes, reduzir a possibilidade de os detetar, uma vez que perdem o seu carácter magnético ;

⇒ as soluções não são únicas e é difícil distinguir todos os objectos que podem ser encontrados num local poluído (conchas, barris, carcaças, frigoríficos, tampas de esgotos, etc.) apenas com base nas suas assinaturas magnéticas.

3. Desvantagem

⇒ medir o gradiente magnético é menos preciso do que medir o campo magnético total;

⇒ medir o campo magnético total é mais caro, pois requer um processamento mais complexo antes da interpretação (mas é mais rico em informação).

⇒ o magnetómetro é muito sensível ao ambiente (linhas elétricas, cercas, ferrovias, veículos, terrenos magneticamente saturados) e às variações temporais do campo magnético natural (em campo total) Golle Olivia [2017].

Objectos	Diastância (m)	Anomalia (nT)
Vedações metálicas	3	16
Vedações metálicas	8	1 a 2 (abafado pelo ruído)
Caminhos-de-ferro	150	5 à 200
Caminhos-de-ferro	300	1 à 50

TABELA II.2 - *Amplitudes máximas de anomalias típicas criadas por objectos perturbadores em função da sua distância ao instrumento de medição com um ruído magnético muito baixo e um magnetómetro suficientemente preciso. Traduzido de Breiner, 1999.*
Estes valores podem variar por um fator de 10, dependendo do tamanho do objeto, da sua composição, da sua orientação, da posição do magnetómetro e do campo ambiente.

II.2   Metodologia

O objetivo da magnetometria como método geofísico é esclarecer certos problemas geológicos: localizar e identificar certas rochas ou estruturas geológicas escondidas sob a superfície da terra, ajudando assim a orientar os geólogos nas suas investigações. No entanto, para ultrapassar os problemas associados à geologia, a utilização de certos aparelhos, como os magnetómetros, permite a aquisição de dados, que serão depois submetidos a uma correção e a um tratamento adequados para dar um significado geológico às anomalias observadas.

II.2.1   Equipamento utilizado

O equipamento utilizado para realizar esta campanha geofísica é um magnetómetro do tipo Geometrics G-857 e um magnetómetro do tipo proton-600, ambos magnetómetros de protões.

Estes magnetómetros baseiam-se na técnica de medição da precessão dos protões. Esta técnica utiliza uma bobina de indução para criar um forte campo magnético em torno de um fluido rico em hidrogénio, como a parafina. Isto faz com que o eixo de rotação dos protões de hidrogénio se alinhe ou polarize com o novo campo magnético aplicado. Quando a corrente que produz o campo polarizador é interrompida, os protões começam a alinhar-se com o campo magnético da Terra; mas, ao fazê-lo, precessam momentaneamente o campo da Terra a uma frequência específica que é proporcional à força do campo magnético ambiente. Esta precessão gera um pequeno campo magnético que induz uma tensão alternada na bobina de indução que foi utilizada anteriormente para gerar o campo polarizador. A relação entre a frequência de precessão da tensão induzida e a intensidade do campo magnético terrestre é designada por relação giromagnética do protão e é igual a 0,042576 *Hertz* por *nanotesla (Hz/nT)* (funcionamento do manual Geometrics). O magnetómetro de precessão de protões é um dos principais instrumentos para os levantamentos magnéticos, porque combina uma grande precisão com a facilidade de utilização.

II.2.1. a Geometrias G-857

A figura II.5 mostra um magnetómetro de precessão de protões Geometrics G-857:

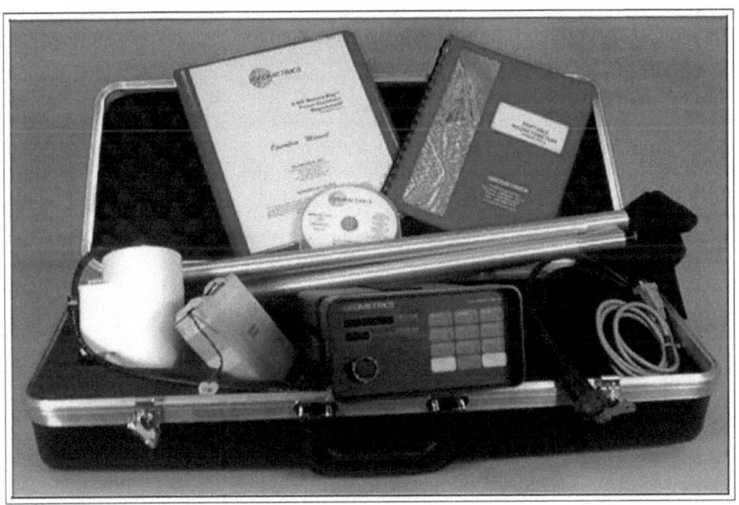

FIGURA II.5 - *Magnetómetro G-857 Geometries, constituído por uma consola, 2 sensores e uma haste.*

Dependendo da sua configuração particular, o G-857 pode ser um magnetómetro portátil, um gradiómetro que mede o campo com dois sensores ou um magnetómetro de "estação base". O G-857 pode gravar o GPS Garmin opcional em qualquer configuração. Como instrumento portátil, tem um funcionamento simples por botão de pressão e uma memória digital incorporada que armazena 65.000 medições de sensor único ou 32.500 leituras de gradiómetro. Isto elimina a necessidade de o utilizador anotar fisicamente os dados no campo, elimina os erros de transcrição e, mais importante, permite a utilização de computadores para registar e processar automaticamente os dados do levantamento magnético.

O G-857 também pode registar dados automaticamente em intervalos regulares, pelo que pode ser deixado sem vigilância para monitorizar as alterações diurnas no campo magnético da Terra.

Os dados de medição do G-857 também podem ser introduzidos diretamente num computador externo. A hora do dia gerada pelo relógio interno do magnetómetro é registada com cada leitura efectuada em qualquer um dos modos.

Utiliza um único conetor para a entrada do sinal do sensor e para a saída de dados. Fisicamente, o G-857 é compacto e leve. É resistente às intempéries e funciona numa ampla gama de temperaturas. É alimentado por uma bateria interna recarregável de células de gel de chumbo-ácido ou por uma bateria externa de 12 volts. Ao contrário de outros magnetómetros de precessão de protões, o G-857 possui um interrutor de programação interno que permite alterar os tempos de ciclo do magnetómetro para garantir o seu funcionamento correto em qualquer parte do mundo.

II.2.1. b Magnetómetro proton-600

A figura II.6 mostra um magnetómetro de precessão de protões Magnetometer proton-600:

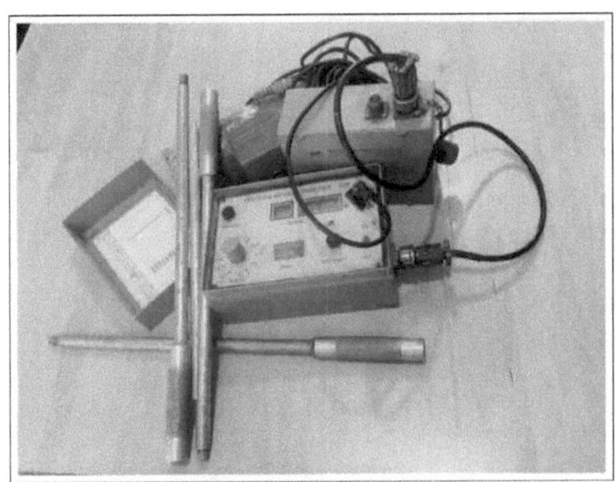

FIGURA II.6 - *Magnetómetro proton-600, constituído por uma consola, uma haste, uma bateria externa e um sensor*

Este magnetómetro funciona em modo manual, o que significa que o operador deve ter um caderno para registar as medições, um relógio para registar a hora em que a medição é feita e também a data em que as medições são feitas. No entanto, este magnetómetro está equipado com um botão de *sintonização* que permite ajustar o sinal dentro da gama de valores conhecidos para uma determinada zona, por exemplo, aqui no Katanga a gama é de 31.000 *nT* a 32.000 *nT*. A tabela de *Sinais* permite-te verificar a qualidade do sinal e também o nível da bateria, desta vez clicando no botão *Batt.check*, e finalmente o botão *Measure* para fazer medições.

II.2.1. c GPS (Sistema de Posicionamento Global)

Uma ferramenta de localização geográfica é, sem dúvida, de extrema importância quando se realiza uma campanha geofísica, e foram utilizadas unidades GPS Garmin durante este levantamento geofísico. Estes são ilustrados na Figura II.7 abaixo:

FIGURA II.7 - *Os Garmin 64χ e* 64

Toma as coordenadas geográficas de cada ponto de leitura no terreno e guarda-as na sua memória interna. Utilizámos dois aparelhos GPS Garmin 64 e *64 X com uma* precisão de três metros.

II.2.2 Preparação para o levantamento magnético

Esta fase preparatória é essencial para o sucesso da prospeção. Para a realizar com sucesso, é necessário ter uma ideia clara dos alvos geológicos a atingir e dos tipos de anomalias que lhes podem estar associados. Através do exame de fotografias aéreas e da geologia local, bem como do conhecimento da inclinação do campo terrestre, é possível ter uma ideia aproximada da forma e da dimensão das anomalias associadas às estruturas procuradas e, assim, planear o levantamento. Para que as assinaturas das anomalias sejam o mais legíveis possível, o ideal é que os perfis sejam perpendiculares ao alongamento das presumíveis estruturas, intrusões e fracturas, e paralelos ao meridiano magnético NS para fornecer mais informações sobre as anomalias. É essencial que cada anomalia seja evidenciada por várias medições; para o efeito, as medições são apertadas em cada perfil. O regresso periódico a uma base escolhida arbitrariamente, mas magneticamente calma, permite eliminar as variações diurnas, se a precisão requerida pelo estudo assim o exigir.

44

A técnica de prospeção magnética consiste em procurar e localizar rochas, formações e depósitos pelas anomalias magnéticas ou variações locais que produzem no campo magnético da Terra. Este método é muito utilizado na prospeção mineira e consiste em detetar zonas mineralizadas geralmente associadas a estruturas (falhas, dobras, intrusões) Olivier [2005].

II.2.2 .a Dispositivo (rede de linhas ou perfis)

A realização de uma campanha depende também da criação de uma rede de linhas, que servirá de modelo de amostragem para todo o inquérito. A figura II.8 abaixo mostra o sistema utilizado para o inquérito:

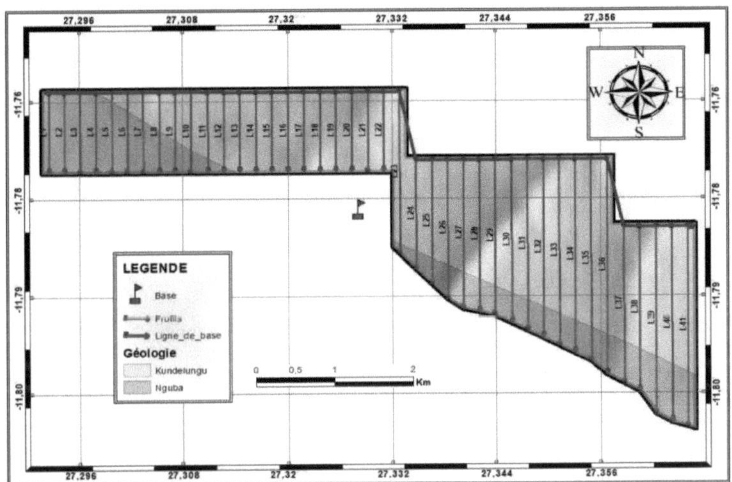

FIGURA II.8 - *Mapa da rede de linhas levantadas durante a fase de aquisição de dados.*

[2]De acordo com uma descrição matemática, a nossa área de estudo assume a forma de um polígono irregular com uma superfície de 13,795009 *km* .

Os perfis pré-estabelecidos para o levantamento magnético seguem uma orientação NS com uma equidistância de 200 m entre si segundo a longitude, perfazendo um total de 41 perfis a serem levantados. As estações variam segundo a latitude com uma equidistância de 10 m e os perfis estão ligados a uma linha de base com uma orientação EW constituída pelo conjunto de pontos situados no extremo Norte de cada linha ou perfil. Estes perfis têm um comprimento variável entre 1Km e 3Km.

II.2.2. b Medição e aquisição de dados

As medições e a aquisição de dados devem cumprir uma série de normas estabelecidas pelos geofísicos para facilitar a sua utilização durante a fase de processamento e interpretação dos dados.

II.2.2. b.1 Execução das medidas

Em função da rede de linhas ou perfis acima definida, é preferível, para os trabalhos de campo e posterior interpretação, efetuar medições de inclinação constante em estações situadas em perfis ou linhas rectas mais ou menos paralelas entre si e perpendiculares às formações geológicas, uma vez que o processamento e a interpretação informáticos serão mais fáceis e rápidos.

II.2.2. b.2 Aquisição de dados

Durante o levantamento magnético, os dois magnetómetros de protões G-857 Geometrics e Magnetometer proton-600 permitem uma medição absoluta em nanotesla (nT) da intensidade do campo magnético total F num ponto.

Na base

A localização de uma base fixa para um levantamento geofísico é de grande importância, pois os dados dela provenientes permitirão eliminar certos efeitos ligados à deriva e às variações temporais. Nesta perspetiva, a figura II.9 mostra o magnetómetro do tipo Magnetometer proton 600 com uma base fixa e um operador fixo.

FIGURA II.9 - *Basefix com o magnetómetro proton-600 e o operador fixo.*

Dado que a escolha da localização da base do campo é muito importante para a prospeção magnética.

A estação de base foi instalada num ponto com coordenadas UTM *(X:* 535759 e *Y:* 8697705) próximo do sector a cobrir, num ambiente magneticamente calmo, com um baixo gradiente magnético, fora de qualquer zona de anomalia, longe de qualquer sucata metálica e de linhas de alta tensão. Diz-se que um ambiente é magneticamente calmo quando a variação do campo magnético não ultrapassa 50 nT por hora Chouteau [2002], salientamos que as nossas leituras na base não ultrapassaram 40nT por dia. Para avaliar a deriva e eliminar o campo das variações diurnas do campo magnético, utilizámos uma estação de base Magnetometer proton 600 em modo manual com um operador fixo na base que efectuava as medições manualmente, uma leitura a cada 10 ou 15 segundos.

As medições na estação de base começaram 30 a 45 minutos antes de os operadores móveis iniciarem as medições no terreno. O operador da base interrompe a aquisição de dados após os operadores móveis. Estas medições na estação de base servem de referência para as medições efectuadas durante a prospeção magnética no terreno.

No terreno

Os operadores móveis efectuam medições da intensidade do campo magnético no terreno.

A figura II.10 mostra um levantamento de campo:

FIGURA II.10 - *Realização do inquérito de campo por dois operadores móveis.*

As nossas linhas ou perfis foram programados para intersectar as formações geológicas. As duas extremidades de um perfil são localizadas com um GPS (Garmin 64 e 64S). Um perfil é marcado por um poste autocolante colocado em cada extremidade (numa árvore) e com o nome do perfil, o alinhamento do perfil é obtido por observação GPS e o mapa do dispositivo é importado para o GPS. Como não era prático voltar regularmente à mesma estação de base devido às grandes distâncias percorridas durante o levantamento, a linha de base permitirá corrigir as medidas de cada linha ou perfil.

II.2.3 Correção e tratamento de dados

II.2.3. a Correção da variação diurna :

Na prospeção, a primeira e a última medição do dia devem ser efectuadas sobre uma base. Se o campo magnético total for medido no mesmo ponto várias vezes por dia, num dado intervalo de tempo ou em dias diferentes, registam-se desvios (drift). Como a magnetometria se preocupa com as variações espaciais e não temporais do campo magnético total, é necessário eliminar o efeito destas últimas através de correcções adequadas.

Existem métodos para corrigir estas variações. São eles o método do laço, o método da rede de estações de base e o método da estação de base fixa. Todos estes métodos partem do princípio de que as variações diurnas são aproximadamente lineares durante períodos de tempo relativamente curtos e que são idênticas numa área relativamente pequena.

Corrigimos, portanto, a deriva perfil a perfil, utilizando a seguinte fórmula:

$$V cor = Vlu \pm TD * (T - T_1)$$

com :

⇒ Vcor: valor corrigido no circuito em nanoteslas (nT),

⇒ Vlu: valor lido no loop de nanoteslas (nT),

⇒ T : tempo de leitura da primeira vez na base em segundos (seg),

⇒ T: Tempo de leitura do Vlu em segundos (seg),

⇒ TD: velocidade de deriva em nanoteslas por segundo (nT/seg); definida por :

$$TD = \frac{(V_2 - V_1)}{(T_2 - T_1)}$$

com :

⇒ V e V medem, respetivamente, o início e o fim na estação de base de um determinado laço e T e T os respectivos tempos de leitura.

II.2.3. b Correção da diferença entre os dois magnetómetros :

Embora os dois magnetómetros meçam a intensidade total do campo magnético, existe uma discrepância entre as duas leituras num dado momento na base. Para corrigir esta discrepância, calcula-se apenas para a linha de base *(BL)* a leitura corrigida das variações temporais e instrumentais *(Lcor)*, o que equivale à soma da leitura nivelada *(Lniv)* com a correção temporal *(Ct)* em qualquer base da linha de base para obter os valores reais *(Lcor)* Michel Allard [1999] ;

$$(Lcor_i) - (Lniv_i) + (Ct_i)$$

Esta correção *(Ct)* elimina as variações temporais do campo magnético. Corresponde à diferença entre a leitura do campo magnético total de referência IGRF na base *(Lref)* e a leitura do magnetómetro (base fixa) em qualquer momento *(LBF)*;

$$(Ct_i) = (Lref) - (LBF_i)$$

A leitura nivelada *(Lniv)* corresponde à soma da correção da diferença entre dois magnetómetros *MDL* e a leitura do magnetómetro móvel em qualquer base *(LMMi)*;

$$(Lniv_i) = C_{DMi} + L_{MMi}$$

A correção da diferença entre dois magnetómetros C é diretamente proporcional ao produto de ΔEc e ΔT, e inversamente proporcional à soma $de\Delta Tf$ e Ec.

⇒ ΔEc: a diferença entre as duas últimas e as primeiras leituras dos magnetómetros fixo e móvel ao mesmo tempo;

⇒ ΔT : diferença entre os tempos numa determinada base e os respectivos tempos no início do loop;

⇒ ΔTf: a diferença entre os tempos de início e fim do loop em consideração;

⇒ Ec : a diferença entre as primeiras leituras dos magnetómetros fixo e móvel.

II.2.3.c Correção do ciclo com nivelamento ou nivelamento :

Após correção da diferença entre dois magnetómetros e da variação diurna perfil a perfil, se se verificar que os valores do campo magnético total não são idênticos. Os valores corrigidos da linha de base e os valores corrigidos perfil a perfil na linha de base formam loops (valores corrigidos reais e observados).

Isto dar-nos-á 41 loops, e a fórmula abaixo fará com que todos os valores medidos em cada segmento voltem ao mesmo nível que os valores inicialmente medidos na linha de base (existe apenas a variação espacial e não a variação temporal após as duas correcções).

$$Vniv_i - Vlu_i - \frac{(M_i - V_i)}{Nb_t} * (Nb_i - Nb_0)$$

com :

$_n\Rightarrow$ *Vniv* : o valor nivelado em qualquer ciclo *n* ;

$_n\Rightarrow$ *Vlu* : o valor lido em qualquer ciclo *n* ;

$_i\Rightarrow$ *V* : o novo valor observado numa estação de base na linha de base (i) após a correção diurna perfil a perfil;

$_i\Rightarrow M$: o valor real numa estação de base (i) na linha de base após correção da diferença entre dois magnetómetros na linha de base;

$_t\Rightarrow$ *Nb* : o número total de estações em qualquer ciclo *n* ;

$_n\Rightarrow$ *Nb* : o número da estação em qualquer ciclo *n* ;

$_{0i}\Rightarrow$ e *Nb* : o número da primeira estação em qualquer ciclo *n*).

II.2.4   Processamento de dados

11.2.4.   a Filtragem do ruído de fundo

A filtragem do ruído de fundo é utilizada para eliminar os valores erráticos causados pela presença de objectos de aço no solo ou no subsolo, e também o ruído geológico devido à presença de heterogeneidades dentro da mesma unidade geológica (não existe tratamento para estes casos). Utilizámos o software MagPick para eliminar os erros de nivelamento e o ruído através da filtragem manual.

11.2.4.   b Redução ao pólo

A redução dos pólos consiste em calcular os valores que teriam sido obtidos se a fonte da anomalia estivesse situada num dos pólos. As anomalias são então simétricas e diretamente sobre os corpos verticais que as geraram Michel Allard [1999]. Este tratamento tem portanto a vantagem de :

⇒ Simplifica a forma das anomalias, tornando-as mais simétricas;

⇒ Posiciona o número máximo de anomalias em relação ao ambiente de origem anormal;

⇒ Permite uma melhor resolução de anomalias muito espaçadas.

A interpretação geológica do campo reduzido é portanto mais intuitiva do que a do campo magnético medido. As anomalias bipolares tornam-se então anomalias unipolares, centradas nas estruturas que as provocam. No entanto, a utilização da redução de pólos tem as suas limitações:

⇒ a existência de magnetismo remanente com direção e sentido diferentes dos do campo de corrente não é geralmente tida em conta pela redução ao pólo descentrado em relação à fonte e não simétrico. Se o campo remanente for colinear, de sentido oposto e mais forte que o campo atual (magnetização inversa), a anomalia será localizada mas de sinal oposto;

⇒ o processo de alteração química que reduz gradualmente o conteúdo mineral magnético das rochas: a transformação da magnetite em pirite ou a destruição da magnetite devido à alteração hidrotermal, observadas em vários campos geotérmicos em ambientes vulcânicos, manifestam-se por anomalias negativas ou fracas Fabriol [2004].

II.2.3. c Realce de anomalias superficiais

Entre as técnicas de valorização das anomalias, a primeira derivada vertical (ou gradiente vertical) e a segunda derivada vertical revelaram-se muito úteis ao longo dos anos Michel Allard [1999].

1. a primeira derivada vertical é utilizada para refinar as características magnéticas e

melhorar as estruturas pouco profundas em comparação com as mais profundas. Se, após esta primeira derivada, o predomínio das estruturas profundas continuar a ser significativo, é importante considerar uma segunda derivada vertical.

2. A derivada horizontal realça as estruturas com um determinado golpe, acentuando os gradientes. É normalmente calculada perpendicularmente ao golpe ou à direção estrutural principal.

A derivada vertical e a derivada horizontal são tratamentos eficazes para delinear a estrutura de lineamentos da crosta e identificar os limites de diferentes fácies. Convertem as bandas de gradiente de anomalia magnética em valores zero e máximo, respetivamente, para facilitar a identificação e o posicionamento preciso (Philips, 2000; Grauch, 2001; Verduzco et al., 2004; Wang et al., 2021).

Utilizaremos apenas o gradiente horizontal, uma vez que este é adotado sinteticamente para identificar estruturas de lineamentos crustais e limitar a extensão lateral de diferentes unidades. Para melhor compreender possíveis linhas de falha e estruturas de grande escala, as anomalias magnéticas são continuadas para cima a 5 e 10 km, respetivamente (Blakeley, 1996). O gradiente horizontal é amplamente utilizado para localizar descontinuidades subsuperficiais a partir de dados magnetométricos e gravimétricos (Fedi e Florio, 2001). Os máximos do gradiente horizontal coincidem com as posições destas descontinuidades Michel Allard [1999]. O software SingProc permitiu-nos efetuar este tratamento.

II.2.5 Procedimento de correção e tratamento de dados

Após qualquer campanha de prospeção magnética, é necessário aplicar um certo processamento aos dados, dependendo do método de aquisição escolhido, antes de podermos passar à fase de interpretação. Por esta razão, aplicámos o método de line array com uma linha de base. De acordo com o IGRF, durante o período de levantamento, os valores médios na base foram de :

⇒ 31352.5 nT para o campo magnético total;

⇒ -2,7° para a declinação;

$\Rightarrow$ E -47.3° para a inclinação.

Estes valores foram utilizados em correcções e processamentos posteriores para corrigir a diferença entre dois magnetómetros, filtragem e redução de pólos. Os dados assim recolhidos foram submetidos às seguintes correcções: A correção da variação diurna foi aplicada aos dados utilizando o software MagMap enquanto se utilizavam os dados da base fixa; Após a correção da variação diurna, aplicou-se então uma correção da diferença entre os dois magnetómetros com nivelamento, isto para trazer de volta ao mesmo nível os dois magnetómetros dos quais o Geometrics G-587 e o Magnetometer Proton-600. Esta correção incidiu apenas sobre a linha de base que a partir daí, estas estações foram utilizadas como bases na correção do loop com nivelamento em cada linha ou perfil levantado. Após estas correcções, utilizámos :

1. O software SignProc filtra o ruído de fundo para se livrar de valores erráticos e também aplica RTP aos dados filtrados;
2. Os dados do RTP foram importados para o software MagPick, a fim de estimar a localização, a profundidade relativa ao telhado e a direção de inclinação do corpo;
3. Finalmente, o gradiente horizontal foi aplicado aos dados reduzidos por pólo, novamente utilizando o software MagPick.

A nossa interpretação baseou-se, portanto, nestes resultados para o campo magnético total, a redução no pólo (RTP) e o gradiente horizontal.

II.2.6 Técnicas de interpretação de dados geofísicos

O geofísico procura um modelo para explicar a anomalia. A forma da curva de anomalia, perfil ou iso-anómala, dá-nos uma ideia do corpo perturbador.
A interpretação qualitativa dos dados magnetométricos consiste em avaliar a geometria e a suscetibilidade magnética aparente da fonte anómala com base nas características das anomalias observadas nos perfis magnéticos. Estas características são: amplitude, comprimento de onda e forma H.Shout [2004].
A interpretação quantitativa foi efectuada com recurso ao software MagPick da

Geometrics para calcular a profundidade ao teto, a localização, a amplitude e a direção de inclinação do corpo enterrado no subsolo.

II.2.7 Breve resumo das fases de funcionamento

A figura II.11 resume as diferentes fases do projeto.

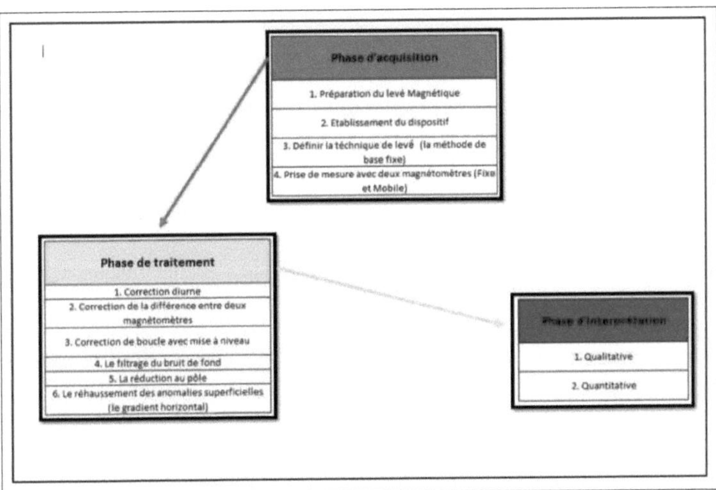

FIGURA II.11 - *As fases de funcionamento utilizadas neste projeto.*

A Figura II.11 mostra as três fases principais que conduziram a este projeto de prospeção geofísica, com a fase de aquisição a verde, a fase de processamento a amarelo e a fase de interpretação a vermelho.

Os valores da intensidade do campo magnético total são apresentados e interpretados de duas formas, por perfis e em planta Michel Allard [1999]. Neste trabalho optámos por apresentar os dados em planta e em perfil. A técnica de interpretação utilizada define ou delimita as zonas que apresentam um certo número de características magnéticas comuns para poder definir as diferentes unidades magnéticas, que na maior parte dos casos correspondem às diferentes litologias encontradas nas formações geológicas, e depois detetar os limites e as zonas anómalas.

Capítulo 3: APRESENTAÇÃO E INTERPRETAÇÃO DOS DADOS

Em geofísica aplicada, a interpretação dos resultados envolve dois aspectos diferentes que correspondem a duas fases sucessivas (Baranov, 1957). A primeira fase é a análise detalhada dos dados obtidos por cada um dos métodos aplicados (Processamento) e a segunda é a síntese dos dados geofísicos e geológicos. Neste capítulo, exploramos estas duas fases utilizando dados brutos, reduzidos ao pólo, e o gradiente horizontal.

III.1   Mapeamento magnetométrico

Como primeira fase de interpretação, procede a uma análise detalhada dos dados obtidos para cada um dos métodos aplicados no tratamento. Nesta secção, apresentamos sucessivamente os resultados destes tratamentos.

III.1.1   Mapa do campo magnético total

Como a prospeção magnética se preocupa com a variação espacial do campo magnético em cada ponto de amostragem, os valores obtidos são por vezes afectados por ruído. O resultado desta operação é apresentado na figura III.1.

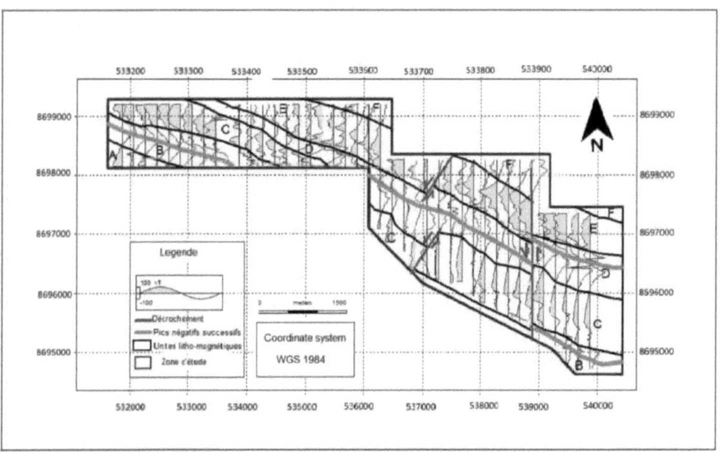

FIGURA III.1 - *Mapa do campo magnético total mostrando as unidades lito-magnéticas A, B, C, D, E, F caracterizadas por cores amarelas (para amplitudes positivas) ou brancas (para amplitudes negativas) e delimitadas por uma linha preta, os bancos laranja correspondem a picos negativos sucessivos, as linhas vermelhas escuras marcam um mergulho e as setas vermelhas indicam a direção do movimento das unidades lito-magnéticas.*

Na Figura III.1, a amplitude do campo magnético varia entre -429,331 e 429,331 nT, com alternância de amplitudes positivas e negativas de uma unidade litomagnética para outra (A+, B-, C+, D-, E+, F-). Os sucessivos picos negativos situam-se nas unidades B e D, e a parte sudeste é marcada por três estruturas de desprendimento, duas das quais orientadas SSW-NNE (desprendimento das unidades E, D e F, D, C) e a outra quase N-S (desprendimento das unidades B, C, D, E).

III.1.2 Mapa magnético do campo reduzido no pólo

A mudança de orientação do campo magnético terrestre afecta a forma e a amplitude de uma anomalia. Para comparar as anomalias detectadas em diferentes pontos do globo, e assim simplificar a sua interpretação, Michel Allard [1999] recorreu à redução de pólos. O resultado deste processo é apresentado na figura III.2.

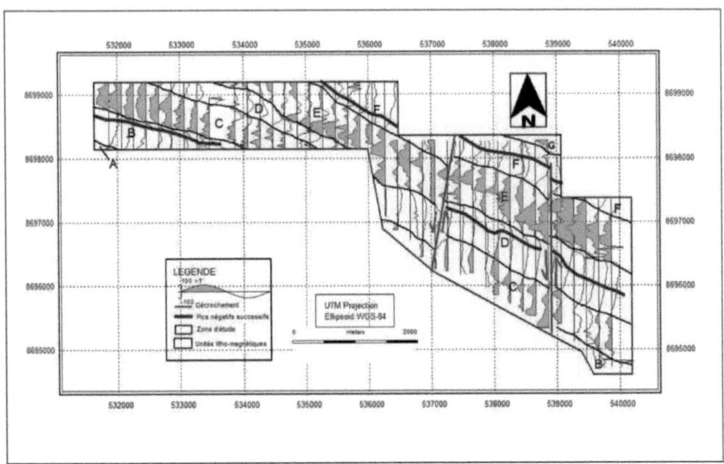

FIGURA III.2 - *Mapa do campo reduzido no pólo mostrando as unidades lito-magnéticas A, B, C, D, E, F caracterizadas por cores verde água (para amplitudes positivas) ou branco (para amplitudes negativas) e, delimitadas por uma linha preta, as margens vermelho-escuras correspondem a picos negativos sucessivos, as linhas violetas marcam um drop-out e as setas violetas indicam o sentido do movimento das unidades lito-magnéticas.*

O resultado da redução dos pólos permitiu destacar sete unidades litomagnéticas com base na variação da amplitude, sendo as unidades A, C, E e G com amplitudes positivas e as unidades B, D e F com amplitudes negativas. As unidades B, D e F apresentam picos negativos sucessivos e a parte sudeste da zona é marcada por dois decaimentos, um deles orientado SSW-NNE (decaimento que afecta as unidades E e D) e outro quase N-S (decaimento que afecta as unidades B, C, D, E e F). A amplitude após a RTP situa-se no intervalo -396,089 a 396,089 nT na Figura III.2.

III.1.3 Mapa magnético do gradiente horizontal

Em rigor, o gradiente horizontal é a derivada das componentes X e Y do campo magnético. A sua aplicação aos dados reduzidos ao pólo permite delimitar as diferentes fácies litomagnéticas através da análise da variação da amplitude. A figura III.3 mostra os resultados obtidos após este tratamento

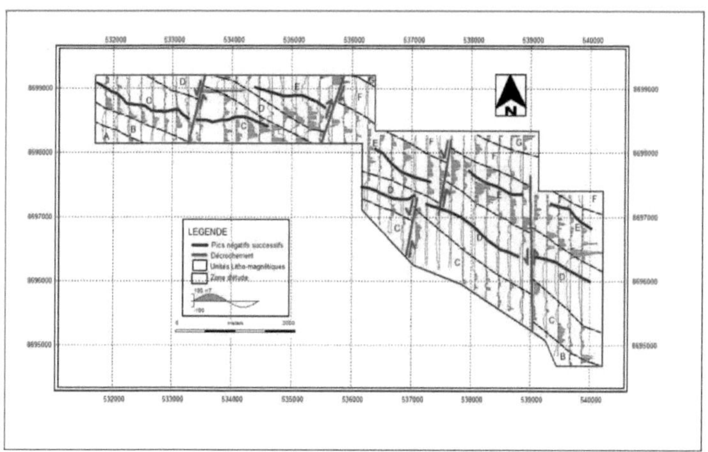

FIGURA III.3 - *Mapa de gradiente horizontal mostrando as unidades lito-magnéticas A, B, C, D, E, F, G caracterizadas pelas cores verde (para amplitudes positivas) ou branca (para amplitudes negativas) e delimitadas por uma linha tracejada preta, as margens vermelhas escuras correspondem a picos negativos sucessivos, as linhas roxas marcam um descolamento e as setas roxas indicam a direção do movimento das unidades lito-magnéticas.*

Na figura III.3, a amplitude do gradiente horizontal varia de -24,119 nT a 24,119 nT. A alternância de amplitudes negativas e positivas, que marca a transição de uma unidade litomagnética para outra, permite-nos restringir-nos a sete unidades: A+, B-, C+, D-, E+, F- e G+. As unidades C, D e E são caracterizadas por uma sucessão de picos negativos. A área em geral é marcada por cinco estruturas descendentes, quatro das quais orientadas SSW-NNE e a outra quase N-S.

Em resumo, o mapa do campo magnético total inclui valores que vão de 30896,031 a 31754,69 nT, com unidades litomagnéticas que vão de A a F, consoante se alternem valores positivos ou negativos. Na parte sudeste da área de estudo, a interpretação permitiu definir estruturas de empastelamento, duas das quais orientadas SSW-NNE e deslocando as unidades C, D e F, enquanto uma outra orientada N-S afecta as unidades B, C, D e E. Após o RTP, os valores de campo variam entre 31032,615 e 31824,791 nT e as estruturas de empastelamento acima referidas restringem-se a duas estruturas. Finalmente, a aplicação do gradiente horizontal aos dados reduzidos a pólo leva à

59

identificação de dois outros desvios com tendência SSW-NNE na parte N-W. Estas estruturas afectam as unidades litomagnéticas C, D e E.

III.1.4   Alguns perfis da parte sudeste da zona

Nesta subsecção, as estimativas da profundidade até ao telhado, a direção de inclinação e a localização do corpo foram feitas utilizando o software MagPick. Assim, os corpos apresentados nesta subsecção têm uma profundidade relativa ao telhado não superior a trinta metros com uma inclinação para nordeste e/ou sudoeste. O ponto de origem de cada perfil corresponde ao ponto mais a sul e, com base neste ponto, a distância à origem (Dist-orig) é indicada para cada corpo nas tabelas.

A figura III.4 mostra o perfil 22.

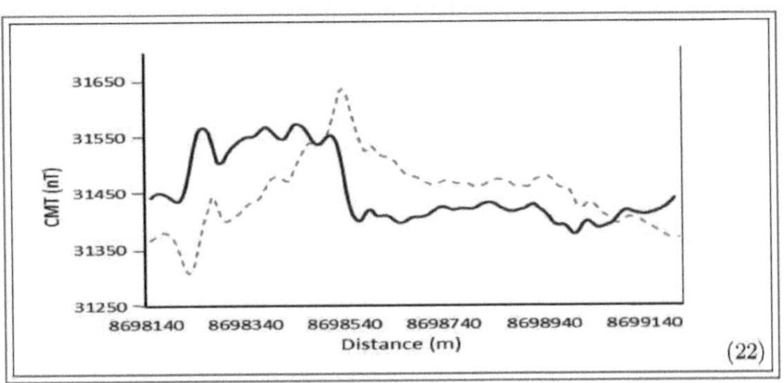

FIGURA III.4 - *O perfil do campo magnético total (tracejado) e o reduzido ao pólo (sólido)*

Considerando o perfil da Figura III.4, o campo magnético total varia de 31300 a 31650 nT. A estimativa da localização, da profundidade relativa ao telhado, da amplitude e da direção de inclinação nas diferentes partes que apresentam variações anormais dá o resultado apresentado na Tabela III.1.

QUADRO III.1 - *Resultados da estimativa para o perfil 22.*

Perfil	X	Y	Dist-orig	Profundidade até ao telhado (m)	Amplitude (nT)	Direção de inclinação
22	536098,75	8698356	205	27,46	-61,891	NE

A Tabela III.1 mostra os corpos inclinados para nordeste com uma amplitude negativa de -61,891 nT e uma profundidade de telhado de 27,46 m.

A figura III.5 abaixo mostra o perfil 28.

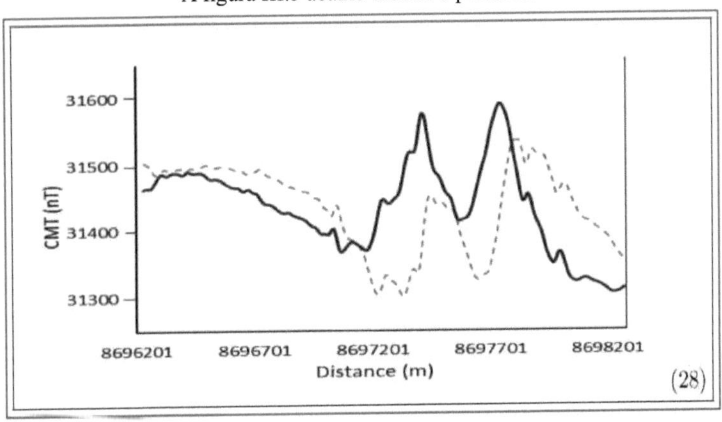

FIGURA III.5 - *Perfil 28 (dos dados filtrados em linha tracejada e o (dos dudos reduzidos ao pólo em linha sólida.*

A Figura III.5 mostra o perfil magnético dos dados filtrados e reduzidos com uma amplitude na gama de 31300 a 31600 nT. Após a estimativa, o perfil RTP fornece o resultado sobre a localização, a profundidade relativa do telhado, a amplitude e a direção de inclinação do corpo, como indicado na Tabela III.2.

QUADRO III.2 - *Resultados da estimativa para o perfil 28*

Perfil	X	Y	Dist-orig	Profundidade até ao telhado (m)	Amplitude (nT)	Direção de inclinação
28	537310,38	8697388	1167	28,72	-95,697	NE
28	537265,44	8697058	837	30,84	-34,666	NE

A Tabela III.3 mostra dois corpos inclinados para NE com um valor médio de amplitude de 65,1815nT nT. A profundidade média destes corpos na cobertura é de 29,78 m.

A figura III.6 abaixo mostra o perfil 29

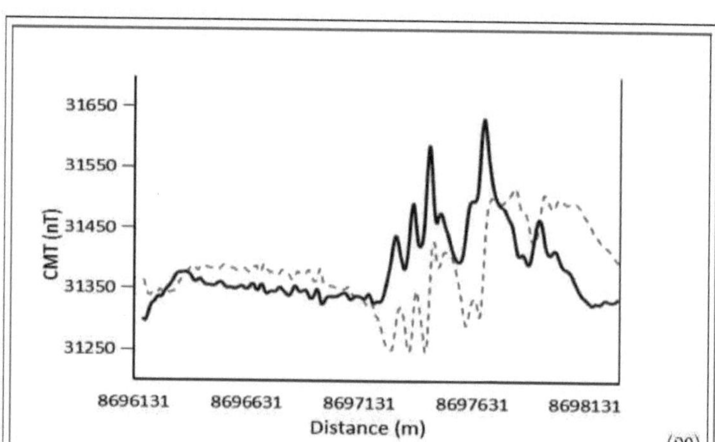

FIGURA III.6 - *Perfil 29 (dados filtrados como linha tracejada e reduzidos ao pólo como linha sólida).*

A Figura III.6 mostra o perfil magnético com valores na gama de 31250 e 31650 nT. Após a estimativa, o perfil RTP fornece informações sobre a localização, a profundidade relativa do telhado, a amplitude e a direção de inclinação do corpo, como indicado na Tabela III.3.

QUADRO III.3 - *Resultados da estimativa para o perfil 29.*

Perfil	X	Y	Dist-orig	Profundidade até ao telhado (m)	Amplitude (nT)	Direção de inclinação
29	537438,13	8697438	1277	27,97	166,576	SO
29	537462,31	8696217	56	17,17	-59,143	NE

Na Tabela III.3 identificámos dois corpos utilizando o software MagPick, um inclinado para SW e outro para NE. A profundidade média destes corpos no teto é de

62

22,57 m com uma amplitude média de 53,72 nT.

Basicamente, nos três perfis seleccionados na parte sudeste da área de estudo, temos cinco corpos resultantes da estimativa MagPick. Destes corpos, um está inclinado para sudoeste e quatro para nordeste.

III.2   Cartografia geológica por magnetometria

A cartografia magnética está frequentemente em consonância com a cartografia geológica, uma vez que a quantidade e a distribuição dos minerais magnéticos varia geralmente de um tipo de rocha para outro. Nesta secção, o objetivo é estabelecer um mapa geológico baseado na variação espacial do campo magnético na área de estudo. Os mapas obtidos após filtragem, redução de pólos e aplicação do gradiente horizontal são apresentados sucessivamente, com as unidades lito-magnéticas correspondentes às prováveis formações geológicas.

III.   2.1 Mapa do campo magnético total sobre a geologia local

A figura III.7 abaixo mostra o mapa do campo magnético total sobreposto à geologia local.

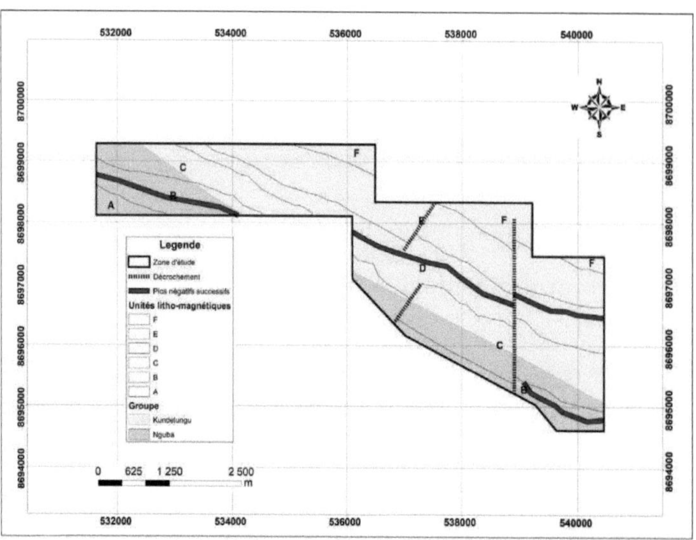

FIGURA III.7 - *Mapa do campo magnético total sobre a geologia local, onde a cor amarela clara corresponde ao subgrupo Kundelungu, a cor laranja clara ao subgrupo Nguba e as linhas azuis tracejadas correspondem a limites lito-magnéticos, as linhas pretas tracejadas a break-offs e as linhas vermelhas escuras a picos negativos sucessivos.*

Na figura III.7, as unidades litomagnéticas correspondem às formações geológicas anteriormente indiferenciadas e, por correspondência, provavelmente a formação Kipushi (Ng1.4) corresponde à unidade litomagnética A, a de Katete (Ng2.1) à unidade litomagnética B, a de Monwezi (Ng2.2) à unidade C, a de Lusele (Ku1.2) à unidade D, a de Kanianga (Ku1.3) à unidade E e as formações de Mongwe (Ku2.1) e Kiubo (Ku2.2) permanecem indiferenciadas até à data. Notamos a presença de três decaimentos senestiais na parte sudeste da área de estudo, dois dos quais estão orientados SSW-NNE e um quase N-S. Os sucessivos picos negativos correspondem a veios de quartzo observados no terreno.

III.2.2   Mapa de dados reduzidos sobre a geologia local no Pólo

O mapa de dados reduzidos no pólo sobreposto à geologia local é apresentado na Figura III.8.

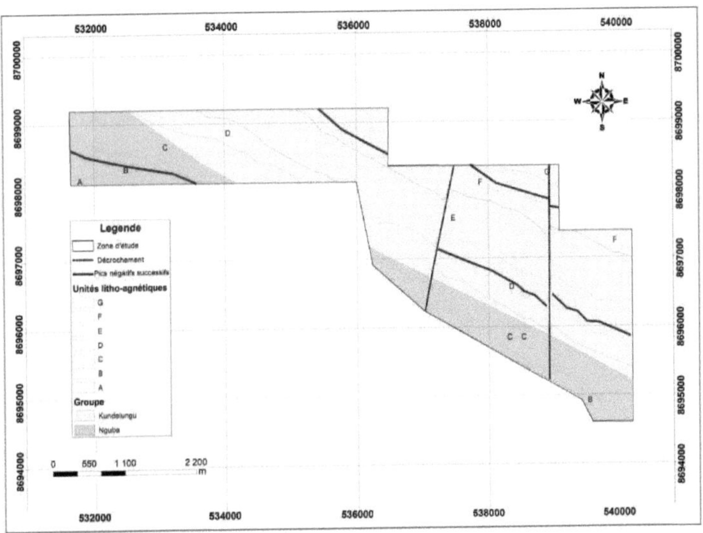

FIGURA III.8 - *Mapa de dados magnéticos reduzidos no pólo, sobre a geologia local da área de estudo, onde as linhas azuis a tracejado correspondem a limites litomagnéticos, as linhas pretas correspondem a deslocações e as linhas vermelhas escuras a picos negativos sucessivos. A cor amarela clara corresponde ao subgrupo Kundelungu, e a cor laranja clara ao subgrupo Nguba.*

A Figura III.8 mostra uma unidade litomagnética adicional, a Unidade G, que pode corresponder à Formação Kiubo (Ku2.1), e os dois mergulhos de tendência SSW-NNE estão restritos a um único mergulho senestial que afecta a Formação Monwezi (Ng2.2), a Formação Lusele (Ku1.2), a Formação Kanianga (Ku1.3) e a Formação Mongwe (Ku2.1). Os filões acima referidos também ocorrem a este nível.

III.2.3 Mapa de gradiente horizontal sobre a geologia local

A Figura III.9 mostra o mapa de gradiente horizontal sobreposto à geologia local da área de estudo.

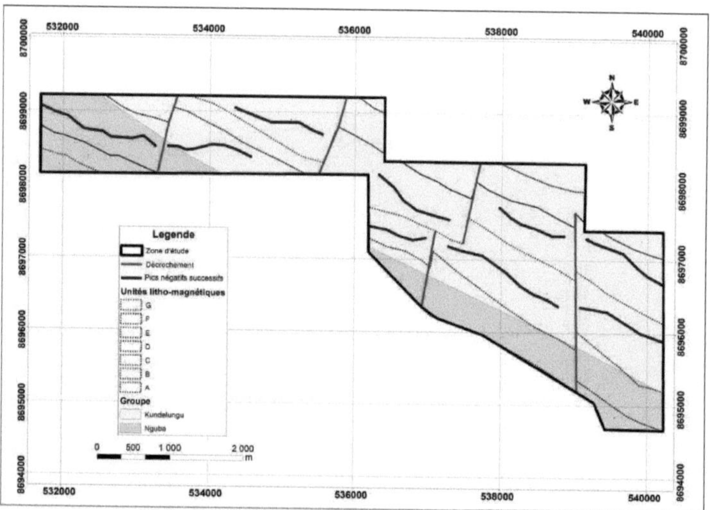

FIGURA III.9 - *Mapa de gradiente horizontal sobre a geologia local da área de estudo, onde as linhas azuis a tracejado correspondem aos limites litomagnéticos, as linhas vermelhas às linhas de falha e as linhas vermelhas escuras aos sucessivos picos negativos. A cor amarela clara corresponde ao subgrupo Kundelungu, e a cor laranja clara ao subgrupo Nguba.*

A figura III.9 mostra uma adição do ponto de vista estrutural. Aplicando o gradiente horizontal aos dados reduzidos no pólo, em vez das três estruturas de bloqueio acima mencionadas, temos aqui cinco estruturas de bloqueio que afectam a área. Destas, quatro estão orientadas SSW-NNE e uma quase N-S. Os veios destacados nas subsecções anteriores também foram identificados, mas desta vez com veios adicionais, como podemos ver.

III.2.4   Correlação das unidades litomagnéticas com a litoestratigrafia do área de estudo

A figura III.11 apresenta graficamente as unidades lito-magnéticas correspondentes às prováveis formações geológicas identificadas pela abordagem magnética na área de estudo. Esta correlação tem em conta as formações pré-definidas por François [1973] e Intiomale [1982].

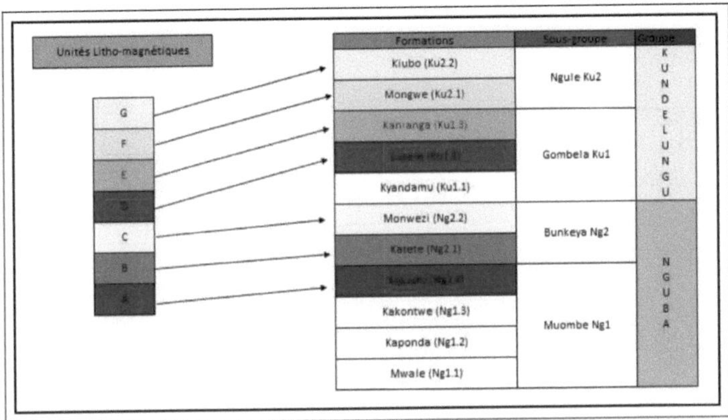

FIGURA III.10 - *Correlação entre unidades lito-magnéticas e formações geológicas.*

Uma compilação simples e rápida das formações geológicas identificadas a partir das fácies litomagnéticas levou à produção da figura III.10. Com base nesta correlação, não foi possível identificar a formação Kyandamu Ku1.1 porque não foi mencionada na nossa área de estudo por François [1973] e Intiomale [1982].

III.2.4. um mapa geológico obtido

A figura III.11 abaixo mostra o mapa geológico proposto após a correlação das unidades litomagnéticas com a litoestratigrafia da área de estudo.

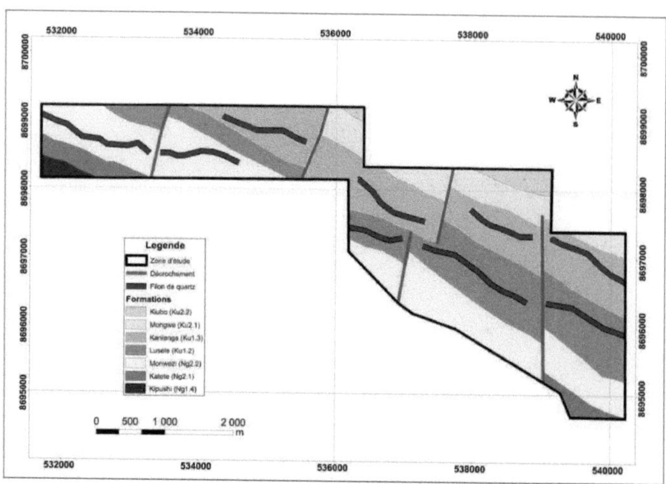

FIGURA III.11 - *Mapa geológico obtido após correlação entre unidades lito-magnéticas e formações geológicas.*

Este mapa geológico mostra 7 formações identificadas de acordo com um determinado sinal magnético e a bibliografia existente. A parte noroeste é marcada por dois decaimentos senestiais orientados SSW-NNE e na parte sudeste, três decaimentos senestiais, desta vez dois orientados SSW-NNE e um orientado quase Norte-Sul. Os veios de quartzo observados no campo poderiam corresponder aos picos negativos.

O exame dos dados magnéticos obtidos após filtragem, redução de pólos e gradiente levou-nos a identificar sete unidades litomagnéticas. Estas unidades litomagnéticas estão sujeitas a sucessivos picos negativos e a cinco desvios. Consideramos que é necessário atribuir estas unidades litomagnéticas às formações geológicas conhecidas na zona. Por analogia com o mapa local indiferenciado, somos levados a considerar que as sete unidades litomagnéticas correspondem sucessivamente às formações Kipushi (Ng1.4), Katete (Ng2.1), Monwezi (Ng2.2), Lusele (Ku1.2), Kanianga (Ku1.3), Mongwe (Ku2.1) e Kiubo (Ku2.2).

Os picos negativos podem ser explicados pela presença de veios de quartzo.

Sublinhamos que a Formação Kyandamu não foi diferenciada, como referido por François [1973]. As formações Ng2.1, Ng2.2, Ku1.2, Ku1.3 e Ku2.1 são afectadas por estruturas senestiais de estalão, quatro das quais orientadas SSW-NNE e apenas uma orientada quase Norte-Sul.

III.2.5   Alguns perfis geofísicos em secções geológicas

Nesta subsecção apresentamos os perfis magnéticos sobrepostos às secções geológicas. A sobreposição destes perfis às secções geológicas permite-nos verificar a delimitação feita em planta e localizar os corpos perturbadores em cada perfil caraterístico.

A figura III.12 mostra alguns perfis geofísicos:

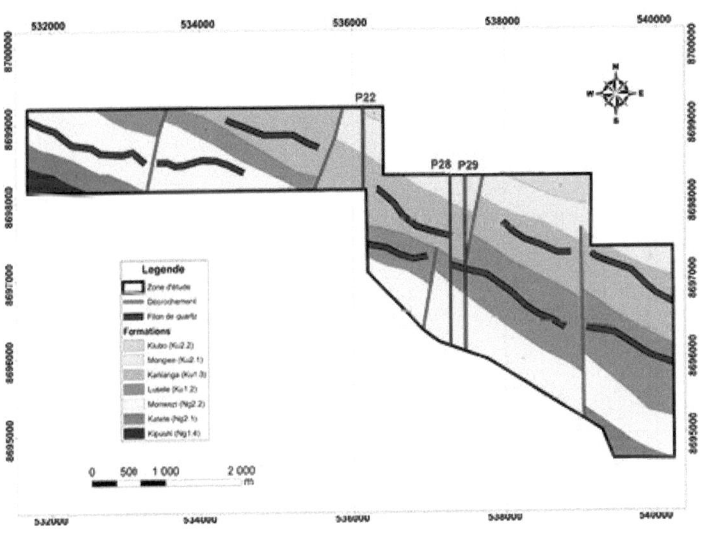

FIGURA III.12 - *Mapa geológico obtido e alguns perfis de zonas de falha a azul.*

III.2.5. a Perfil 22

O perfil 22 sobreposto à secção geológica é apresentado na Figura III.13.

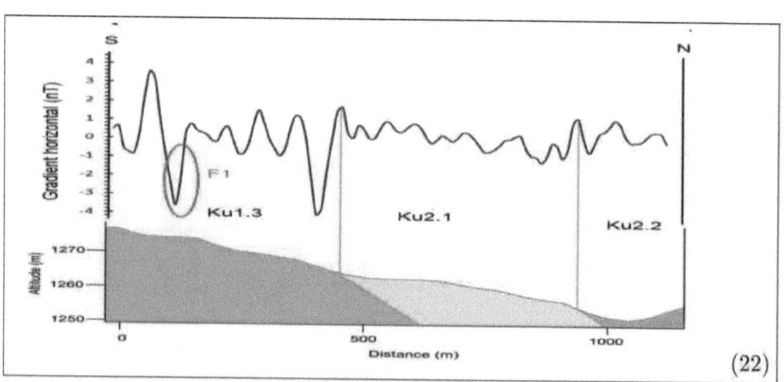

FIGURA III.13 - *Perfil 22 do gradiente horizontal sobreposto à secção geológica onde os elipsóides verdes representam corpos enterrados e as linhas azuis correspondem aos limites das camadas.*

Na Figura III.13, podemos ver exatamente como no mapa plano as diferentes formações identificadas e os valores de gradiente variam entre -4 nT e 4 nT e o corpo deduzido corresponderia ao veio de quartzo.

III.2.5. b Perfil 28

A figura III.14 mostra os 28

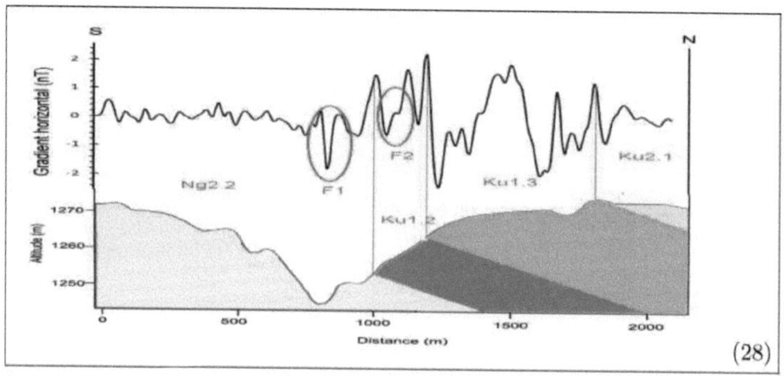

FIGURA III.14 - *Perfil 28 do gradiente horizontal sobreposto à secção geológica, o elipsoide verde indica a presença de um corpo perturbador e as linhas azuis correspondem aos limites das camadas.*

O perfil apresentado na Figura III.14 é caracterizado por valores de gradiente horizontal que variam entre -2 nT e 2 nT. Como referido na Tabela III.3, existem dois

corpos correspondentes a veios de quartzo. São identificadas quatro formações: Ng2.2,
Ku1.2, Ku1.3 e Ku2.1.

III.2.5. c Perfil 29

A figura III.15 abaixo mostra o perfil 29

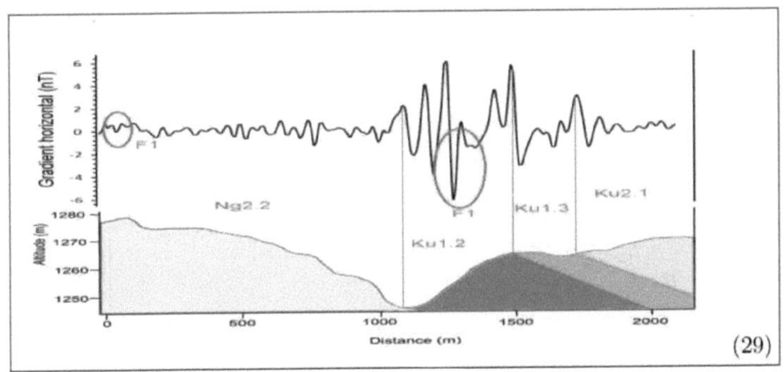

FIGURA 111.15 - *Perfil 29 do gradiente horizontal sobreposto à secção geológica, o elipsoide verde indica a presença de um corpo perturbador e as linhas azuis correspondem aos limites das camadas.*

O perfil apresentado na figura III.15 é caracterizado por valores de gradiente horizontal que variam entre -6 nT e 6 nT. Como referido no Quadro III.3, existem dois corpos correspondentes a veios de quartzo. As quatro formações identificadas são: Ng2.2, Ku1.2, Ku1.3 e Ku2.1.

Este perfil mostra que cada formação geológica tem o seu próprio carácter magnético:

⇒ Monwezi (Ng2.2) é calma e muito fracamente magnética, Lusele (Ku1.2) é agitada e magneticamente alta, Kanianga (Ku1.3) é menos agitada e fracamente magnética, e Mongwe (Ku2.1) é calma e muito fracamente magnética.

De uma maneira geral, os perfis apresentados nesta subsecção são truncados e/ou contêm os corpos de veios acima mencionados, que são deduzidos nas curvas de redução de pólo utilizando o software MagPick a partir de geometrias com uma profundidade de cobertura relativa não superior a 30 m. Estes perfis apenas apoiam os contactos litológicos

71

deduzidos nas subsecções III.2.1, III.2.2 e III.2.3. Em particular, notamos que as formações do Grupo Nguba são fracamente magnéticas em comparação com as de Kundelungu, e que os corpos de superfície de amplitude negativa estão inclinados para NE. Estes corpos correspondem aos veios de quartzo intra-formais observados no terreno.

CONCLUSÃO GERAL

Os resultados da análise dos dados de campo magnético, após processamento e correlação com a geologia previamente conhecida nesta área de estudo, conduziram às seguintes observações:

Geologia

⇒ O mapeamento utilizando a abordagem magnetométrica permitiu-nos delinear (diferenciar) as formações de tendência NW-SE de: Kipushi (Ng1.4); Katete (Ng2.1); Monwezi (Ng2.2); Lusele (Ku1.2); Kanianga (Ku1.3); Lubudi (Ku1.4) e Mongwe (Ku2.1), que pertencem aos subgrupos Muombe (Ng1), Bunkeya (Ng2), Gom- bela (Ku1) e Ngule (Ku2) encontrados no grupo Nguba e Kundelungu.

⇒ Veios de quartzo intra-formais nas formações Ng2.2, Ku1.2 e Ku1.3

⇒ As formações Ng2.1, Ng2.2, Ku1.2, Ku1.3 e Ku2.1, que se diferenciam de outras duas, Ng1.4 e Ku2.2, por estarem estagnadas. Destes cinco decaimentos senestiais, 4 são de tendência SSW-NNE e apenas um é quase de tendência Norte-Sul. De notar que a formação Kyandamu (Ku1.1) não pôde ser identificada.

No entanto, é importante sublinhar que, na fase em que se encontra este trabalho sobre a contribuição da magnetometria para a cartografia geológica e estrutural, é difícil dizer com precisão o nome da rocha sem calcular ou medir a suscetibilidade magnética e/ou sem estudos petrográficos a montante. Estas observações podem então ser completadas e/ou modificadas por uma cartografia geológica e estrutural de pormenor. Um estudo comparativo entre a cartografia de pormenor, a cartografia estrutural e a petrofísica, com base nestes resultados, poderia fornecer mais informações e precisão.

Na frente económica

⇒ A nossa contribuição é indireta, dado que os resultados fornecidos a este nível permitiram evidenciar os marcadores tectónicos ao nível local dos deslocamentos, que poderiam ser falhas à escala regional, sabendo-se que estas últimas seriam os principais vectores dos fluidos mineralizantes. É, portanto, importante ter uma ideia clara sobre este assunto antes de iniciar uma fase posterior de prospeção geoquímica ou de trabalhos de mineração e perfuração.

Finalmente, a magnetometria é de grande importância e continua a ser uma ferramenta essencial para a produção de uma carta geológica menos evasiva, capaz de fornecer a melhor informação possível sobre a natureza e as características das formações geológicas, integrando a informação física.

Bibliografia

AB Kampunzu, Jacques Cailteux, B. M. H. L. (2005). Caracterização geoquímica, proveniência, fonte e ambiente deposicional de rochas sedimentares dos subgrupos rochas argilosas-talcárias (rat) e minas na cintura neoproterozóica do Katangese (congo): implicações litoestratigráficas.

Bilolo (2016). Contribution à l'évaluation et à la gestion des impacts environnementaux des activités minières et industrielles anterieures dans le secteur minier de kipushi. *Exploration et Géologie Minière, Universidade de Lubumbashi,* 250.

Brown (1979). Estado atual da geocronologia de Katanga. *Zaire Ann. Soc/Geol. num :120,* (531-536).

Cahen (1970). Estado atual da geocronologia do Katanga. *Museu Real da África Central,* 165(7-14).

Cahen, D. (1977). Les complexes conglomératiques de la bordure sud-orientale de la chaine kibarienne et leurs relations avec les couches katanguienne de l'arc lufilien. *Royal Afrique central,* (111-135).

Cailteux (1981). La couverture katanguienne entre les socles de n'zilo et kapombo (rdc région de kolwezi). *Museu Real da África Central, Série Num :8. Soc/Géol. num :87,* 48.

Chabu, M (1990). Metamofismo do depósito de zinco-chumbo-cobre em carbonato de kipushi (shaba-zaïre). *Universidade de Lubumbashi,* 160.

Chouteau, M. (2002). Geofísica aplicada (magnetismo). *École polytechnique de Montréal,* 98(7).

D. Delvaux, A. B. (2010). Modelo de stress africano a partir da inversão formal dos dados do mecanismo focal. 482.

Fabriol, H. (2004). Métodos geofísicos aplicados à exploração geotérmica em contexto insular vulcânico (síntese bibliográfica). *Relatório BRGM/RP-53137- FR.*

François (1987a). L'extrême occidentale de l'arc cuprifère shabien *(Etude géologique de Gécamines) Departamento de Geologia UNILU, 65.*

François, A. (1973). A extremidade ocidental do arco de cobre de Shabian. 120.

François, A. (1987b). Síntese geológica sobre o arco cuprífero da shaba (rép. do zaïre).

Golle Olivia, C. P. (2017). Guia de métodos geofísicos para a deteção de objetos enterrados em sítios poluídos. *ADEME,* 124(24-25).

H. Shout (2004). Geofísica para geólogos, vol. 2. 65(6).

Intiomale (1982). O gisement zinc-plomb-cuivre de kipushi (shaba-zaïre), étude géologique et métallogénique. *Tese de doutoramento apresentada à Universidade Católica de Lovaina,* 170.

J. Batumike, WL Griffin, E. B. (2008). Datação Lam-icpms u-pb de perovskite kimberlitica: kimberlitos eoceno-oligoceno do planalto de kundelungu, dr congo.

J. Cailteux, A. M. (2007). Depósitos de metais de base alojados em sedimentos neoproterozóicos do Gondwana Ocidental.

J. Cailteux, ABH Kampunzu, J. B. (2005). Posição litoestratigráfica e características petrográficas do subgrupo do rato ("rochas argilosas"), cintura neoproterozóica do Katangese (Congo).

J. Cailteux, T. D. P. (2019). Sequências mineralógicas-geoquímicas complexas e eventos de alteração em minério supergénico do depósito cu-co luiswishi (katanga, dr congo).

Jacques Dubois, M. D. e. J. P. C. (2011). *Geofísica (curso e exercícios corrigidos).* Dunod.

J.Batumike, M.C., K. A. (2007). Litoestratigrafia, desenvolvimento de bacias, depósitos de metais de base e correlações regionais das sucessões rochosas neoproterozóicas nguba e kundelungu.

Kampunzu (1998). O sistema mesoproterozóico da cintura de Kibaran em África: uma chave para a reconstrução do supercontinente de Rodina. *Gondwana Research 1,* (412-

414).

Kanzundu (2020). La genèse des mineralisations cupro-cobaltifère et uranifère de luisha principal (haut-katanga, rdc): pétrographie, radiométrie, géochimie et métallohénie. *Tese de doutoramento em geologia, Unilu,* 241.

Kipata (2013). Tectónica frágil no cinturão de dobras e de empurrões lufiliano e no seu foreland. uma visão do registo do campo de tensões em relação às placas em movimento (katanga,drc). *Tese de doutoramento, Universidade KU Leuven,* 160.

Kokonyangi, Richard Armstrong, A. K. (2004). Geocronologia de zircão U-pb e petrologia de granitóides de mitwaba (katanga, congo): Implicações para a evolução da cintura mesoproterozóica de kibaran. 132.

Kpirgbene, W. (2016). Mapeamento geológico pelo método magnético aerotransportado: aplicação a duas áreas na região de abitibi-temiscamingue. 136.

Magatte Fari, K. N. (1995). Interpretação de dados geofísicos sobre a estrutura profunda da bacia sedimentar senegalesa e a zona basal no leste do Senegal. *Université Cheihk Anta Diop de Dakar,* 159(78-81).

Michel Allard, D. B. (1999). *Geoflslcu uplicada à exploração mineral.* CCDMD.

Nyembo (1997). Estado de conhecimento do estudo petrográfico e do balanço mineiro da mina de Kipushi. *Trabalho de conclusão de curso, Unilu,* 45(12-16).

Olivier, B. J. (dezembro-2005). Estudo do depósito de ouro de babola por prospeção magnética. *école polytechnique de Montréal,* 61(41).

Oosterbosch (1992). Les mineralisations dans le système de roan au katanga. in lambard j. et nicolin p (ed). gisements stratiformes de cuivre en a frique. *Association des services géologiques d'Afrique, Paris,* 282.

Paciente, B. V. (2020). Alto Katanga. https://www.caid.cd.

I want morebooks!

Buy your books fast and straightforward online - at one of world's fastest growing online book stores! Environmentally sound due to Print-on-Demand technologies.

Buy your books online at
www.morebooks.shop

Compre os seus livros mais rápido e diretamente na internet, em uma das livrarias on-line com o maior crescimento no mundo! Produção que protege o meio ambiente através das tecnologias de impressão sob demanda.

Compre os seus livros on-line em
www.morebooks.shop

Printed by Books on Demand GmbH, Norderstedt / Germany